내가 처음 뇌를 열었을 때

내가 처음 뇌를 열었을 때

수술실에서 찾은
두뇌 잠재력의 열쇠

라훌 잔디얼 지음 | 이한이 옮김
이경민·강봉균 감수

Neurofitness

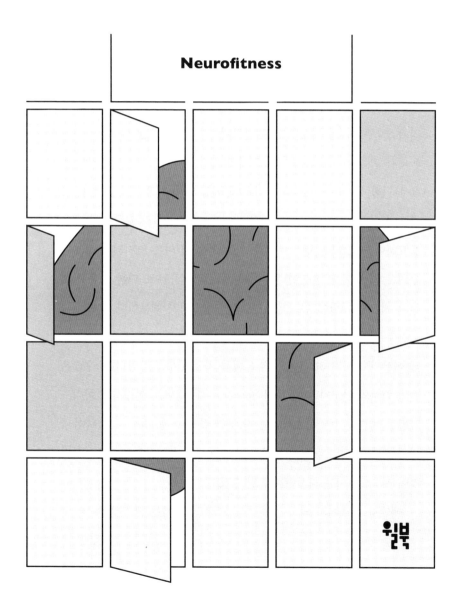

윌북

추천의 글

유능하고 건강하게 살기 위해 우리 모두에게 필요한 두뇌 관리

우리는 누구나 건강하기를 바란다. 우리가 늘 주고받는 수많은 안부 인사에는 대부분 '건강'이라는 단어가 들어간다. 삶의 질을 높게 유지하기 위해서는 건강이 필수적이라는 것을 부인할 사람은 없으리라 생각한다. 뇌는 인체 기관 중 우리 몸과 사고를 운영하는 사령부로, 육체적 그리고 정신적 건강 모두에서 매우 중요하다. 사고나 질병으로 인한 뇌의 손상이 다른 장기의 손상보다 두려운 이유다. 뇌 손상이나 뇌 질환을 두려워하는 또 다른 이유는 뇌 질환 치료법 개발에 아직은 시간이 더 필요하기 때문이다. 우울증과 뇌전증을 비롯한 일부 뇌 질환에 대해서는 좋은 약들이 개발되어 치료에 이용되고 있긴 하지만, 아직 완벽한 치료제 수준은 아니다. 수많은 제약 회사와 연구자 들이 수십 년간 노력해왔음에도 불구하고 아직도 탁월한 치료법이나 치료제를 찾지 못한 신경 질환, 정신 질환 종류가 많다. 따라서 뇌가 질병에 걸리지 않도록 예방하고 건강하게 유지하는 것이 지금으로서는 최선이라고 할 수 있다.

베테랑 신경외과 의사이자 신경과학자인 저자는 그가 직접 뇌 수

술을 하고 뇌 질환을 치료했던 환자들의 에피소드들과 특이한 의료적 상황들을 생생한 스토리텔링으로 들려준다. 그 과정에서 우리가 어떻게 하면 뇌를 건강하게 유지할 수 있는지, 잠재된 뇌의 능력을 끌어낼 수 있는지에 대해 경험적 관점에서 조언한다.

2015년 작고한 신경과 의사 올리버 색스는 환자 상담과 치료를 하며 겪었던 뇌와 관련된 재미있는 이야기들을 하나의 작품으로 멋지게 풀어냈다. 이 책은 『아내를 모자로 착각한 남자』의 신경외과 의사 버전이라 보아도 좋겠다.

책을 읽다 보면 일반인에게는 충격으로 느껴질 부분이 곳곳에 나오는데, 환자의 두개골이 열려 있고 의식이 깨어 있는 상태에서 집도의가 뇌에 전기 자극을 주며 환자와 대화를 나누는 장면이 그중 하나다.(최근 화제가 됐던 한 TV 의학 드라마에서도 이런 장면이 나오기도 했다.) 심각한 뇌전증(간질)을 앓고 있던 소녀 제니퍼를 치료하기 위해 저자가 반구절제술을 집도해야만 했던 일도 그렇다. 아무리 경험 많은 신경외과 의사라도 그 일은 충격으로 다가왔을 것이다. 그는 소녀의 아름다운 뇌 절반을 뚝 떼어내어 철제 대야 속에 넣어야 했던 수술 광경이 떠올라 심적 고통을 받는다. 수술 후에 잠을 이룰 수 없었다는 그의 고백은 읽는 이까지 안타까움을 느끼게 한다.

수술로 치명적인 간질은 치료되었으나 제니퍼는 우뇌 전체가 제거된 채 좌뇌로만 살아가야 한다. 수술 후에 소녀는 왼쪽 사지가 마비되어 신체의 절반을 제대로 쓰지 못했다. 하지만 수술 후 3년이 경과했을 때, 제니퍼의 부모가 저자에게 보내온 동영상 속에서 소녀는 정상적으로 걷고 있었고 건강한 모습이었다. 좌뇌 하나만 가지고서도 좌측 신체를 통제하는 방법을 터득한 것이다. "뇌 반쪽만으로도, 인간으로서 그녀는 완전했다"라고 저자는 안도의 기쁨을 표현했다. 뇌가 유연하게 적응하는 성질을 뜻하는 뇌 가소성이 나타난 사례이다.

저자가 자신의 수많은 수술과 치료 경험을 통해 뇌의 신비함과 오묘함, 그리고 뇌 가소성에 대한 이야기들을 들려주는 목적은 단 하나. 이렇게 신비로운 뇌를 어떻게 건강하게 보호하고 유지할 것인가를 알려주려 함이다. 또한 저자는 대중에게 잘못 알려진 뇌 관련 상식에 대해서도 올바른 견해를 전달하려고 애쓰고 있다.

특히 고령화 사회가 되면서 우리는 치매에 대한 우려와 불안감을 갖게 되었다. 근본적인 치매 치료제가 아직 개발되지 못하고 있는 상황에서 치매 예방과 관련된 여러 통설과 건강식품에 대한 광고가 난무하고 있다.

비교적 객관적으로 입증된 치매 관련 연구로 핀란드에서 시행한 핑거 스터디FINGER study가 있는데, 60세에서 77세 사이의 노인 1,000여 명을 대상으로 2년간 수행한 코호트 연구cohort study이다. 이 연구 결과에 따르면 건강 식단, 적절한 중증도 운동, 인지 훈련 및 사회 활동, 그리고 혈관 질환 관리를 강도 높게 받은 그룹에서는 그렇지 않은 그룹보다 인지력 저하가 유의미하게 예방되었다.

저자가 제안하는 '건강하게 노화하는 뇌'를 유지하는 방법도 마찬가지이다. 두뇌에 좋은 교육, 사회 활동, 신체 활동, 식단을 잘 관리하는 것이 90세가 되어도 명민한 두뇌를 가진 '슈퍼 에이저'가 될 수 있

는 길이다. 이 책을 읽는 독자 모두 저자가 알려준 두뇌 관리 조언들을
실제 생활에 적용하고 습관화하여 건강한 삶을 살아가기를 진심으로
바란다.

경북대학교 의과대학 이경민
서울대학교 생명과학부 강봉균

차례

프롤로그

그건 마치 중세 시대 수술 모습 같았다. 내가 살아 있는 인간의 두개골을 처음으로 열었을 때의 이야기다. 바이스를 다물리듯 서서히 힘을 주는 기교 따위는 그 수술에서 통하지 않았다. 빠른 일격이 필요했다. 나는 머리 고정대를 가져다가 약 2.5센티미터짜리 철제 핀들로 환자의 머리를 수술대에 단단히 고정했다. 그러면 환자가 움직여도 머리는 고정돼 내가 실수로 그녀를 사망하게 할 일도 없을 것이었다.

환자의 두피에 구멍을 낸 뒤, 금속 핀 세 개를 환자의 두개골에 단단히 물렸다. 한 개는 이마에, 두 개는 뒤통수에 꽂아 넣고 나서, 이것들을 C형 클램프(두개골 죔쇠-옮긴이)에 연결했다. 수술을 보조하는 레지던트가 환자의 목을 받쳐 머리를 들어 올리고 있는 동안, 나는 그 철제 장치 안에 환자의 두개골을 잽싸게 밀어 넣고 다물렸다. 삐걱거리는 쇳소리에 내 뒤에 선 학생들과 간호사들, 의사들이 일제히 입을 다물었다. 이 수술은 부드럽고, 재빠르고, 완벽하게 진행해야 하는 수백 가지 절차로 이루어져 있다. 그중 첫 번째 단계가 막 끝났을 따름이었다.

당시에 나는 UC샌디에이고 신경외과 레지던트 3년 차였다. 수술실에서 수없이 시니어 신경외과 의사를 보조하고 관찰하고 배웠지만, 그 수술은 내가 집도하는 첫 수술이었다. 환자는 수술 이틀 전 응급실에 실려 온 30대 여성이었다. 그녀는 왼쪽 팔과 손에 희한하게 힘이 없고 움직이기 어렵다고 말했다. 뇌 MRI(자기공명영상) 검사 결과 뇌에 뿌옇게 빛나는 부분이 보였다. 복숭아만 한 종양이었다.

뇌 수술이란 기이하고 두려운 일이다. 하지만 인간의 머리 속에 들어 있는 것이란, 액면 그대로 경이롭기 그지없다. 뇌를 들여다본다는 건 정말이지 강렬하고 짜릿한 경험이다. 불손하거나 정신 나간 소리처럼 들리지 않았으면 한다. 하지만 스릴 있는 게 사실이다. 어떤 사람은 스키를 즐기고, 어떤 사람은 등산을 선호하고, 또 어떤 사람은 포커를 좋아한다. 나는 그저 사람의 뇌를 수술하는 걸 좋아할 뿐이다. 물론 위험은 있다. 칼이 정맥 하나만 살짝 스쳐도 뇌 일부가 죽기 때문이다. 혹여라도 잘못된 지점에 찔러 넣으면 종양을 확보하지 못한다. 수술실 안에서 모든 일이 완벽하게 이루어졌다 해도, 환자가 깨어난 뒤 남은 일생 동안 말을 못 하게 될 수도 있다.

그때 내가 수술을 하며 바랐던 건 결혼식을 올린 지 세 달밖에 안 된 신부, 앞날이 창창한 그 여인의 왼손이 잘 회복되어 원래처럼 힘 있게 잘 움직이는 것이었다. 이 환자는 엄청나게 운이 좋았다. 악성 종양은 아니었기 때문이다. 하지만 종양을 그냥 두어서 나중에 커져버리기라도 하면 점점 더 넓은 부위의 근육이 심각하게 위축될 수도 있었다. 그놈이 우두정엽의 운동피질 속에 둥지를 틀고 있었기 때문이다. 이 부위는 폭 1.3센티미터, 길이 18센티미터의 띠 같은 뇌 조직으로, 신체의 좌측 부위에 운동 신호를 보내는 중추이다. 이 종양은 뇌수막에서 자라는 수막종이라고 하는 놈이었다. 두개골이 딱딱하기 때문에 종양은 뇌 안쪽 방향으로 커지는데, 이때 뇌 안으로 뚫고 들어가는 것이 아니라 주변 조직을 압박한다. 그 압력이 뇌가 보내는 전기 신호에 끼어들어서 신체를 무력화시키는 것이다.

나는 두개골 꼭대기 주변을 드릴로 동그랗게 구멍을 내서 '뚜껑'을 들어낸 뒤에, 11번 메스(깊고 좁은 부위 절개를 할 때 사용하는 메스-옮긴이)로 뇌를 감싼 얇은 경막을 아주 부드럽게 절개했다. 경막을 들어 올리고 난 다음, 더 이상 손을 움직일 수 없었다. 종양이 거기, 경막 바로 밑에 있었다. 그것은 칙칙한 누런색에 모양도 들쭉날쭉했다.(건강한 뇌 조직은 유백색으로 반질반질 매끄럽다.)

달걀노른자를 떠내듯 종양 가운데를 떠내고 나자 가운데가 푹 패고, 너덜너덜한 가장자리만이 남았다. 나는 주변 뇌 조직을 건드리지 않으려 애쓰며 종양 안쪽으로 푹 꺼진 부분을 조심조심 들어냈다. 그 작업이 가장 어려운 부분이었다. 종양 가장자리가 거미줄처럼 주변 조직에 걸쳐 있었는데, 그 조직이 푸딩처럼 물렀기 때문이다. 나는 천천히, 20센티미터짜리 커브 가위로 그 조각들을 떼어냈다.

조명등과 확대경 아래에서 2시간의 작업 끝에 종양이 다 제거되었다. 멸균 정제수로 뇌 표면을 세척하고 혈관이 새는 곳이 없는지 확인했다. 이제 두개골을 닫을 차례였다. 이 단계는 두개골을 열 때와 정반대 순서로 이루어졌다. 나는 가느다란 티타늄 그물망과 미세한 나사와 판 들로 두개골에 머리뼈를 다시 달고 두피를 꿰맨 뒤, 그녀의 머리를 고정한 클램프를 제거했다.

3일 후, 내 침략에 놀랐던 그녀의 뇌가 진정되었고 왼손과 팔에도 힘이 완전히 되돌아왔다. 내 바람은 이루어졌다.

15년 동안 수천 번의 수술을 했지만, 뇌 수술만큼은 여전히 할 때마다 전율이 느껴진다. 나의 세 아들은 나를 32학년이라고 종종 놀린다. 신경외과 의사가 되고도 나는 신경과학 박사 학위를 따기 위해 계속 공부했기 때문이다.(고등학교를 졸업하고도 학교를 20년 더 다닌 셈이다.) 그럼에도 인간의 뇌가 지닌 수수께끼와 잠재력에 관해 내가 알고 있는 건 정말이지 극히 적다. 그리고 뇌의 신비에 관한 생각은 늘 내 머릿속을 떠나지 않는다.

현재 나는 뇌 수술도 집도하지만, 미국 캘리포니아에 위치한 암센터 '시티 오브 호프City of Hope'에 연구실을 두고 신경과학과 종양학을 연구하는 의과대학생과 대학원생 들을 가르치고 있다. 페루, 우크라이나 등 다른 나라들로 수술을 집도하러 가기도 한다. 또한, 뇌 수술과 신경과학에 관해 의과대학생들, 박사 과정 학생들, 신경외과 의사 들이 보는 10권의 학술 서적과 100편 이상의 논문을 펴내기도 했다.

나는 뇌 수술이나 뇌와 관련해 사람들이 '과학적 사실'이라고 믿는 여러 낭설을 바로잡아야 한다고 생각한다. 대중적으로 인기를 끌기 위해 TV나 인터넷 웹사이트, 혹은 책 들이 사이비 과학처럼 허무맹랑한 소리를 들이미는 것을 볼 때면 더욱더 그렇다. 아마 여러분들도 이런 말들을 들어본 적이 있을 것이다.

- **사람들은 좌뇌적 혹은 우뇌적이다** : 이 신화는 허구라고 말하겠다.
- **위장은 제2의 뇌이다** : 사실이 아니다. 뇌는 신경들을 두개골 바깥 우리 신체 구석구석에 투사하는데, 이런 확장된 신경계에는 위장관의 움직임을 반영하는 장 신경계도 포함된다. 다양한 종류의 위장 절제술을 받은 환자들일지라도 그 수술로 인해 신경정신적 문제를 겪지는 않는다.[1] 심지어 위장 전체를 떼어낸 환자도 말이다.
- **뇌 훈련은 거짓말이다** : 전 세계 최상위 대학교들의 선도적인 연구자들은 컴퓨터 두뇌 게임이나 인지 능력 향상 프로그램들이 정말로 효과가 있는지 계속 추적 조사하고 있다.
- **명상은 자연과학적 증거가 없다** : 거짓이다. 최근 연구들에서는 고대의 명상을 비롯한 현대적인 명상 수련이 실제로 마음을 진정시키는 생리적 효과가 있음이 입증되었다.[2]

오늘날 수많은 허위 주장들 사이에서 진짜 정보를 구분해 내기는 그 어느 때보다 어렵다. 자칭 '전문가'라는 사람들이 유포한 이런 개념들은 우리가 진정한 역량을 발휘하는 데 방해가 될 수 있다. 나는 명상이나 약초가 뇌종양을 치료해 주리라 믿고 목숨을 구할 수술을 미룬 환자들을 여러 번 보았다. '머리 좋아지는 약'을 먹으면 성적이 오를 것으로 생각하는 학생들도 보았다. 사실 원래 뛰어나든 머리가 썩 좋지 않든, 자신들의 평소 상태에서 그저 더 오래, 더 열심히 공부하게 해 주는 약일 뿐인데 말이다. 한편, 몇 가지 간단한 두뇌 운동을 꾸준히 하여 뇌졸중을 예방한 것으로 보이는 사람들도 있었다.

나는 이 책을 통해 신경과학과 낭설을 분리하고, 광고를 걸러낸 진짜 희망에 대해 알려주려고 한다. 여러분 자신과 사랑하는 사람들이 절대 내 수술대 위에 올라오는 상황에 처하지 않도록 돕고 싶다. 따라서 나는 최신 과학으로 뒷받침되지 않는 주장은 하지 않을 것이다. 대체 약물의 위험을 축소하지도, 전통적인 약물의 이득을 과장하지도 않을 것이다. 지식은 언제든 변화할 수 있다. 내가 나누고 싶은 건 우리가 지금 알고 있는 것과 알아내고자 하는 것이다.

뇌의 경이로움은 이루 말할 수가 없다. 일부러 과장할 필요도 없다. 우리의 두 귀 사이에는 대략 850억 개의 신경세포, 즉 뉴런들이 살고 있다. 은하수를 이루는 별들만큼 많은 것이다. 뉴런들은 제각기 시냅스라고 불리는 연접 부위들로 서로서로 거미줄처럼 연결되어 있는데, 이런 시냅스가 또 수백조 개에 달한다. 뇌는 그 무엇과도 견줄 수 없을 만큼 복잡하다.

어떤 수술이나 약물이 고통을 완화한다는 것은 알아도 그게 어째서 작용하는지는 심지어 신경외과 의사들조차 모를 때가 있다. 여러분의 뇌에 전극을 깊숙이 삽입하여, 우울증이나 강박 장애를 완화하거나 파킨슨병을 호전시킬 수 있다는 걸 나는 안다. 하지만 그게 어째서 효과가 있는 걸까? 멋진 질문이다. 이 질문에서부터 시작해 보자.

우리 신경외과 의사들이 확실하게 알고 있는 사실 하나는, 뇌는 질병이나 상해로 심하게 손상되더라도 회복될 수 있다는 점이다. 우리는 뇌졸중, 중증외상, 뇌암에서 기적적으로 회복한 환자들에게서 그것의 산 증거를 목격했다. 환자들은 병원과 집에서 계속 필요한 기술을 연습하면서 걷고 말하는 걸 다시 배우고, 세밀한 운동 기능을 회복하고, 인지 기능을 끌어올렸다. 환자들도 그렇게 했는데, 건강한 사람들이 노력한다면 인지 능력을 최고조로 끌어올릴 수 있는 건 당연한 일이다.

이 책에서는 뇌 그 자체에 대한 정보뿐 아니라, 기억력·창의력과 같은 뇌의 기능에 도움이 되는 여러 방법(식이요법과 수면 등)에 대해서도 이야기할 것이다. 여러분의 인지 능력 향상을 위해 실용적이고 현실적이며 검증된 전략을 담았다. 건강이 좋든 나쁘든 상관없이 남녀노소 누구에게나 도움이 되는 방법들이다.

스마트폰을 내려놓으라고 말하지는 않을 테니 걱정하지 않아도 된다. 스마트폰이 원래부터 나쁜 것은 아니다. 모든 건 어떻게 쓰느냐에 달려 있다. 내 환자들은 종종 뇌 치료를 받는 동안 스마트폰을 사용하기도 한다. 뇌를 날카롭고 기민하게 유지하려면 스마트 기기들을 어떻게 써야 할지도 알려드리겠다.

나는 이제부터 여러분을 나의 수술실로, 해외 수술 현장들로, 연구실로 이끌면서 신경과학의 최전선에 무엇이 있는지 보여줄 것이다. 그중에는 최근 발견된 중요한 신경과학적 발견들, 공상과학 영화에서나 나오던 이야기들이 현실화된 사례들도 있고, 믿기 어려울 만큼 엄청난 회복력을 보여준 내 환자들의 사연도 있다.

또한 각 장에는 다음의 부록이 하나 이상 담겨 있다.

- **뇌, 딱 걸렸어** : 뇌와 관련해 일반적으로 널리 알려진 오해에 대해 설명한다.
- **괴짜 신경과학의 세계** : 멋진 신경과학 이론, 발견, 역사 등을 조금 더 깊숙이 파본다.
- **두뇌 운동** : 신경과학 이론을 실제 삶에 적용하는 방법을 다룬다.

이제 여러분은 시간 낭비를 하거나 지치는 일 없이, 뇌에 관한 탄탄한 최신 정보들을 얻게 될 것이다.

그런 한편 나는 일상적으로 환자들을 수술하는 의사로서, 세 아들의 아버지로서, 암 연구자인 한 여인의 남편으로서, 내가 어떤 일에 아무리 최선을 다해도 어딘가에 가로막혀 기대한 결과가 나오지 못할 수 있다는 걸 안다. 내가 환자에게 수술 후 관리 요강 열 가지를 건네주면 그것을 그대로 따르는 환자들은 거의 없다. 그래서 나는 가장 효과가 좋은 두세 가지 방법을 콕 짚어준다. 여러분에게도 뇌 훈련 전략들에 초점을 맞추어, 최대한 효율적으로 설명하려고 한다.

나는 이 책을 쓰기 위해 십수 년을 기다렸다. 더는 신출내기 의사도 아니고, 또 은퇴할 만큼 나이 들지도 않은 시점이 될 때까지 말이다. 여러분께 이 책이 가치 있기를 바란다.

라훌

I.
그 무엇과도 다른
해부학 수업

　　나는 해부학 수업을 싫어했다. 의과대학 신입생들이 필수로 들어야 했던 해부학 수업은 거대한 강의실 안에서 이루어졌다. 포름알데하이드 냄새가 지독하게 풍기는 강의실에서 우리는 시체들이 빽빽하게 들어찬 철제 수술대를 마치 주술사들이 집회하듯 둘러싸고는 그 시체들의 속이 파헤쳐지길 고대하며 서 있었다.

　　내게 해부학은 역겹고 섬뜩하며 동시에 다소 지루했다. 시체를 해부하는 일에 무슨 모험이 있단 말인가? 마음을 끄는 게 아무것도 없었다. 그래서 나는 다른 학생들이 자르고 뒤적대는 걸 그저 쳐다만 보면서 1년 내내 메스 한 번 쥐지 않았다. 당시만 해도 수술 같은 건 분명히, 내 미래엔 없었다.

　　뇌를 처음 접했을 때 역시 다른 신체 부위 못지않게 실망했다. 강좌나 교재 들은 모두 뇌의 경이로움을 극찬해 댔지만, 의과대학 첫해 내가 보았던 그 뇌—이미 죽고 피 한 방울 없는—는 쭈글쭈글한 베이지색 콜리플라워일 뿐이었다. 수천 년 동안 선조들이 왜 그것을 무시했는지 알 수 있을 것만 같았다. 이 부분에서 내 눈길을 사로잡은 딱

한 가지는, 뇌에 가 닿기 전에 엄청나게 딱딱한 것을 거쳐야 한다는 사실이었다. 그러니까, 철물점에 가서 전기톱을 사서 두개골을 둥그렇게 구멍 내야 한다는 것 말이다.

무시에 가까운 무관심으로 대했던 해부학을 다시 보게 된 건 3학년이 되어서였다. 살아 있는 환자를 대상으로 한 심장 수술을 처음으로 참관하게 되었던 것이다. 내가 기다려 왔던 건 바로 그 강렬함과 위태로움, 그 순간 분출되는 아드레날린이었다. 그날 이전까지 나는 의학이 내게 맞는지 심각하게 고민하고 있었다. 의학은 내게 그저 시체가 누워있는 강의실이자 지루한 교재였을 따름이었다. 하지만 이제 거기에 피가 돌고 있었다. 나는 종일 처방전만 쓰면서 살 수 없다는 걸 스스로 잘 알았다. 듣기에 좀 끔찍하겠지만 '손에 피가 묻어야' 했다.

서던캘리포니아대학교 의과대학에서 4년을 마치고 나서 나는 UC샌디에이고 일반 외과 인턴으로 들어갔다. 목표는 심장외과였다. 심장외과는 외과 중에서도 가장 끝내주는 과로 보였다. 신경외과에는 눈곱만큼도 관심이 가지 않았다.(의과대학 4년 동안 한 차례도 뇌 수술을 참관한 적이 없었던 탓이었다.)

인턴 1년 차인 우리는 외과별로 한 달씩 순환 근무를 하게 될 것이었다. 중증외상센터, 정형외과에서부터 성형외과, 흉부외과, 심장외과, 이비인후과 등을 도는데, 어쩌면 거기에 신경외과가 포함될 수도 있었다. 하지만 설령 신경외과에 간다고 해도 그곳에서 우리 같은 풋내기들을 수술실에 들여보내 줄 일은 거의 없었다. 우리는 수술 전후에 바깥에서 대기하는 영광스러운 서기로 취급받는 게 고작이었다.

그런데 그해 말, 병동 복도에 어떤 소문 하나가 유령처럼 떠돌기 시작했다. 신경외과에서 직접 뽑은 인턴 한 명이 해고될 거라는 소문이었다. 그 친구가 일을 제대로 못 한 것이었다. 신경외과는 엄청난 엘리트 집단이었고, 다른 과에서 인턴을 세 명 이상 받던 것과는 비교되게도 일 년에 딱 한 명 받았다.

어느 날 저녁, 병원 카페테리아에 앉아 있는데 신경외과 레지던트가 내 옆에 앉았다. 그러고는 자기 과에 내년부터 후배 레지던트가 없게 생겼는데, 그러면 일을 제대로 할 수 없을 거라고 말했다.

"윗분들은 다른 과에서 한 놈 끌어오려고 하셔." 레지던트가 내게 말했다.

"다음 타자로 누굴 생각하고 계신대요?" 내가 물었다.

"너." 그가 말했다.

설마.

내가 뇌에 대해 아는 건, 정말이지 '최소'였다. 신경외과는 특별히 그 과를 노리는 외과 인턴이 아닌 이상 쳐다보지 않는 과였다. 왜냐고? 뇌는 엄청나게 전문적인 분야이기 때문이다. 뇌와 관련해 문제가 생기면, 낭비할 시간 따윈 없다. 묻지도 따지지도 말고 전문가에게 가야 한다.

"너 제법 소문이 자자해." 레지던트가 내게 말했다. "아는 건 없는데 시키는 건 제일 잘한다고. 윗분들은 너처럼 일하고, '쫄지 않는' 놈을 좋아하셔. 교수님들이 가장 고민하시는 건 네가 과연 정해진 기간 내에 기초 지식을 머릿속에 다 욱여넣고 시험을 통과할 수 있을까야.

교수님들은 네가 의사의 손을 가졌다고 생각하셔. 심장외과에서 그렇게 말했으니까. 하지만 네가 머리가 있는 놈인지 궁금해하시지."

"어쨌든, 고맙네요." 나는 무슨 대답을 해야 할지 몰라 이렇게 말했다.

그로부터 일주일도 지나지 않아 교수들은 나를 회의실로 불러 신경외과로 오라고 제안했다.

"한번 해보기나 하지 그러나." 교수 한 분이 말했다. "자네가 내용을 다 숙지하지 못하면, 자르면 그만이니까."

그분이 웃음을 터뜨렸다. 다른 교수들도 크게 웃었다. 하지만 농담을 하는 건 아니었다.

"전 뇌 수술하는 걸 본 적조차 없는데요." 내가 말했다. "하지만 배에서 뛰어내리기 전에 한번 보고 싶긴 합니다."

그러자 교수들은 다음 날 아침에 예정되어 있는 양이마 개두술 bifrontal craniotomy을 내가 참관할 수 있도록 해주었다. 이마 위쪽으로 두개골 대부분을 제거하면서 시작되는 수술이라고 했다.

"환자를 죽이지 않고 그런 걸 할 수 있단 말인가요?" 내가 물었다.

내 순진한 질문에 그분들이 다시 한번 크게 웃음을 터뜨렸다.

하지만 다음 날 아침 7시 30분이 되자 나는 더 이상 웃을 수 없었다. 수술대를 가운데 두고 집도의와 내가 마주 섰다. 우리 앞에 누운 환자는 머리 꼭지만 제외하고 시트로 덮여 있었는데, 머리카락은 이미 면도된 상태였다. 집도의가 두피를 절개하고, 뼈를 드릴로 뚫고, 쪼개고, 경막을 갈랐다. 미세한 혈관들로 얼룩덜룩한, 구불구불한 언덕과 고랑이 있는 하얀 살 조각이 드러났다. 그 순간 엄청나게 한 방 먹은 기분이 들었다. 심장 수술은 무척이나 인상적이었지만 어떤 면에서 자동차 엔진이 작동하는 것과 비슷한 구석이 있었다. 밸브와 피스톤과 연료관 들이 전부라는 얘기다. 하지만 뇌는 달랐다.

거기에는 인류가 지닌 신비의 핵심이 있었다. 살아 있는 인간의 두개골은 신성한 공간이었다. 그 공간을 수술한다는 것은 어쩌면 금기를 범하는 것이라는 생각이 들었다.

하지만 주저하는 마음은 딱 5초뿐, 곧바로 전율이 느껴졌다. '머리 덮개뼈가 성역이라면…. 그래, 그렇다면 그런 거지, 뭐!' 나는 그 안으로 들어가도 된다고 허락받은 몇 안 되는 '저 사람들' 중 하나가 될 수 있을지도 몰랐다. 그날이 다 저물 무렵에 나는 교수들에게 말했다. 제안을 받아들이겠노라고. 신경외과 수련을 받겠노라고 말이다.

그리하여 그 무엇과도 다른 나의 해부학 수업이 시작되었다. 이제 내가 여러분들에게 내 작업장을 보여드려도 될까?

두개골 안

가장 먼저 말하고 싶은 건, 뇌는 사실 두개골 안에 얌전히 들어앉아 있는 게 아니라는 점이다. 뇌는 뇌척수액이라는 천연 충격흡수체의 보호를 받으며 둥둥 떠다닌다.

뇌척수액은 뇌 깊숙이 숨겨진 방인 뇌실에서 만들어진다. 겉보기에는 물 같지만, 뇌의 영양제 기능을 하는 생리활성물질로 가득 차 있다. 그리고 뇌를 적절한 상태로 유지하고, 뇌의 노폐물들을 배출하는 생리활성인자bioactive factor들을 운반한다.

뇌를 만지면 그 특유의 질감 때문에 섬뜩하다. 근육이나 지방을 만진다고 생각해 보라. 둥그렇게 나온 배를 손가락으로 꾹 누르면 배는 조금 뭉그러졌다가 다시 솟아오른다. 하지만 뇌는 이런 식으로 움직이지 않는다. 뇌의 질감은 우리 몸 어느 부위의 살점과도 다르다. 달걀, 치즈, 과일 등을 넣은 플랑파이나 브레드푸딩에 가깝다. 뇌를 손가락으로 꾹 누르면 손가락이 그 안으로 쑥 들어간다.(골무로 뇌를 한 번 퍼내면 그 안에 수백만 개의 뇌세포가 담긴다.)

뇌 바깥층에 있는 이 세포들은 무척이나 귀중한 것들이다. 대뇌피질cerebral cortex이라는 단어를 들어본 적이 있을 것이다. '피질cortex'이라는 단어는 라틴어인 '코르크cork(마개)'에서 유래한 것으로, 코르크는 참나무 껍질로 만든다. 그러니까 대뇌피질은 뇌의 '껍질'이라는 말이다. 두께는 0.17센티미터가 채 안 될 만큼 얇지만 의식, 언어, 인지, 사고 기능처럼 인간이 가진 마법 같은 능력이 여기에서 생겨난다.

뇌 표면에서 시각적으로 가장 두드러진 특징은 촘촘한 언덕과 골짜기 들로 이루어져 있다는 것이다. 작은 언덕들은 부드러운 '이랑gyrus'이며, 아래로 푹 꺼진 골짜기 부분은 단단한 '고랑sulcus'이다.

뇌가 이렇게 접혀 있는 이유는 그래야 두개골 안에서 최대한 넓은 표면적을 확보할 수 있기 때문이다. 쭈글쭈글 접힌 대뇌피질을 쫙쫙 펴면 아마 엑스라지 피자 한 판 크기 정도 될 것이다.

피질에 관해 알아 두어야 할 점은, 그것이 모두 회질gray matter이며, 뇌세포의 중심체라는 점이다. 배율 높은 현미경으로 들여다보면 이 뉴런들은 숲속의 소나무처럼 수직으로 줄지어 서 있다. 뉴런들은 나무뿌리처럼 제각각 실 같은 접합부들의 망을 뻗어 서로 연결되어 있다. 생물학적 케이블이라 할 수 있는 이 연결선들은 백질white matter로, 뇌의 60퍼센트를 차지한다.

다른 세포로부터 메시지를 가져오는 '입력incoming 신경섬유'는 수상돌기dendrites, 다른 세포들로 메시지를 보내는 '출력outgoing 신경섬유'는 축삭돌기axons라고 불린다. 한 뉴런이 다른 뉴런에게 말을 걸고 싶어지면, 전기 신호를 자신의 축삭돌기로 보내서 상대 뉴런의 수상돌기에 접속한다. 이 접촉은 물리적으로 이루어지는 것은 아니다. 시스티나 대성당에 그려진 미켈란젤로의 〈천지 창조The Creation of Adam〉에서 창조주와 아담이 서로 손가락을 뻗고 있는 모습과 비슷하게 이루어진다.

시냅스라고 불리는 뉴런 사이의 공간에서는 다양한 화학적 불꽃들이 소용돌이친다. 이런 화학적 불꽃들은 신경전달물질이라고 불리며, 시냅스와 시냅스 사이의 미세한 틈을 지나다닌다. 신경전달물질은 십수 개 정도로, 여러분도 도파민, 세로토닌, 에피네프린, 히스타민 같은 이름들을 한 번쯤 들어보았을 것이다. 제각각 뇌의 커뮤니케이션과 기능에 다른 작용을 하는 이 물질들을 살펴보면 인간의 다양한 감정, 사고, 상상력이 어떻게 발생하는지 이해하는 첫걸음을 뗄 수 있다.

도파민은 행복을 일으키는 물질이다

흔히 도파민은 '좋은 감정을 느끼게 하는' 신경전달물질로 여겨진다. 도파민은 사랑이나 행복감으로 가득할 때 뇌를 적신다거나, 코카인 같은 약물의 도움을 받으면 활성화된다고 알려져 있다. 하지만 신경전달물질들이 모두 그렇듯 도파민 역시 쾌락을 발생시키는 것 외에도 다양한 기능이 있다. 뇌에 도파민이 부족하면 몸을 잘 움직이지 못하는 파킨슨병Parkinson's disease이 발병할 수도 있는데, 이때 운동 문제를 보완하고자 도파민 결핍을 메우는 엘도파L-dopa 같은 약물을 주입하는 경우 부작용이 일어나기도 한다. 이를테면 어떤 환자들은 도박 중독을 일으키기도 하고, 어떤 환자들은 성욕이 폭발적으로 늘어나기도 한다. 요점은 어떤 신경전달물질에 대해 딱 한 가지 감정이나 인지 기능을 일대일로 대입하려고 들면 엄청난 단순화의 오류를 범하게 된다는 말이다. 도파민뿐만 아니라 에피네프린, 노르에피네프린, 글루타민산염, 히스타민 등 수많은 신경전달물질들은 모두 뇌의 여러 부분에서 각기 다른 역할을 하고 있다.

이제 뇌의 구조를 대략 살펴보자. 피질은 기능적으로 크게 전두엽frontal lobe, 두정엽parietal lobe, 후두엽occipital lobe, 측두엽temporal lobe 네 부위로 나뉘어 제각기 특정한 임무를 수행한다. 구조적으로 (머리 꼭대기에서 봤을 때) 뇌는 좌반구와 우반구로 나뉘어 있다. 이 두 반구를 이어주는 것은 뇌 깊은 곳, 즉 피질 한참 아래쪽에 있는 뇌량corpus callosum(뇌 다리. 라틴어로 '강인한 몸체'라는 의미로. 좌우 대뇌 사이를 연결하는 신경섬유 다발)인데, 이것은 수억 개의 축삭돌기 다발로 이루어져 있다. 네 '엽'을 비롯해 뇌 깊은 곳에 있는 다른 구조체들도 눈이나 귀, 팔다리처럼 짝을 이루어 존재한다.

자, 우리 이마 아래쪽에 툭 튀어나와 있는 거대한 전두엽에서 시작해 보자.

전두엽

전두엽은 동기 부여와 보상 추구 행위에 있어 주요한 역할을 한다. 여러분이 선생님이나 상사의 말에 주의를 기울이고 있다면 전두엽이 작동하고 있는 것이다. 수학 문제를 풀고 있는가? 역시 전두엽이 작동하고 있다. 십자말풀이를 하고 있다? 이것도 전두엽의 일이다. 얼마 전에 여러분을 험담했던 옛 친구를 어떻게 요리할지 궁리 중인가? 이 모든 감정, 기억, 가능한 반응(결과)을 생각하는 일 등이 통합적으로 이루어지는 데는 전두엽이라는 쿼터백(미식축구에서 전위前衛와 하프백의 중간 위치. 또는 그 위치에 있는 선수-옮긴이)이 필요하다.

꽉 막힌 도로 위에서 답답한 나머지 차에서 뛰어내려 소리를 지르고 싶을 때 "잠깐만, 잠깐만. 그래 봐야 소용없어"라고 끼어드는 것도 전두엽이다.

복잡한 의사 결정이나 앞으로 일어날 갈등을 가늠해 보는 일은 전

전두피질prefrontal cortax이라고 불리는 전두엽의 한 부분에서 이루어진다. 용어에서 나타나듯이 전전두피질은 전두엽의 가장 앞쪽에 있는데, 이곳에서 인간다운 능력 중 몇 가지가 발휘된다. 개인의 행동양식(즉 성격), 계획, 규칙 학습 등 우리를 자극하는 복잡하고 다양한 세상 속에서 살아가기 위한 '실행' 기능들 말이다.

전두엽의 또 다른 하부 구조는 우리 눈썹 바깥쪽 가장자리 부근에 있는데, 머리 한쪽에만 있다. 대개는 좌반구에 위치하지만 드물게 우반구에 있는 경우도 있다.(오른손잡이라면 거의 좌반구에 있으며, 왼손잡이 중 일부는 우반구에 위치해 있다.) 이 부위는 브로카 영역이라는 곳으로, '말하는' 능력이 자리한다.(제3장에서 말하는 능력뿐만 아니라 이해하는 능력을 관장하는 다른 영역들을 두루 살펴볼 것이다.)

두정엽

머리꼭지에서 목 뒤쪽으로 몇 센티미터 내려가면 감각을 제어하는 두정엽이 있다. 두정엽에는 신체 각 부위에 대응하는 지도가 있다. 1950년대 캐나다계 미국인 신경외과 의사 와일더 펜필드Wilder Penfield가 그린 것으로, '펜필드 지도', 혹은 '호문쿨루스homunculus(중세 연금술사들이 만들었다는 작은 인조인간-옮긴이)'라고도 불린다. 그는 환자가 의식이 있는 상태에서 미세한 전류가 흐르는 갈퀴가 달린 아주 작은 탐침을 이용해서 두정엽을 찔러 보고 이 같은 사실을 밝혀냈다. (환자가 의식이 있는 상태에서 뇌 수술을 한다고? 말도 안 되는 일처럼 들릴 수 있지만, 이 수술 방법은 현재도 시행되고 있다. 뇌 표면은 감각을 느끼지 못한

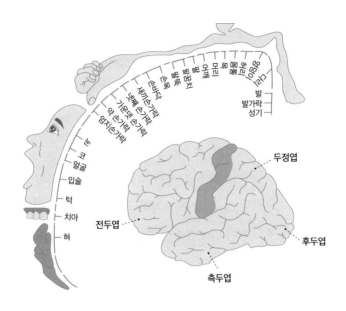

발
발가락
성기

머리
목
몸통
엉덩이
다리

손목
팔꿈치
팔
어깨

새끼손가락
넷째손가락
가운데손가락
둘째손가락
엄지손가락
손목

두정엽

눈
코
얼굴
입술
턱
치아
혀

전두엽

후두엽

측두엽

다. 두피는 통증을 느끼지만, 뇌 표면에는 통각 수용기가 없기 때문이다. 그래서 수술 중에 두피를 마취하고 두개골을 연 뒤 점차 마취량을 줄여 나가면 환자는 혼미한 상태에서 의식이 깨어나며, 의사가 어디를 건드리고 있는지 고통을 느끼지 않고 알려줄 수 있다. 그렇게 해서 움직이고 말하고 보는 능력을 뇌의 어느 부위가 관장하는지 알아볼 수 있었던 것이다.)

펜필드는 두정엽의 어느 부위를 찔렀을 때 환자의 신체의 어느 부위가 반응하는지 차근차근 체계적으로 알아보았다. 이 부위에서는 누가 발을 만지고 있는 것 같고, 저 부위에서는 누가 뺨을 톡톡 치는 것 같고….

뇌에서 우리의 혀, 입술, 손가락을 관장하는 부분이 하반신 전체를 관장하는 면적만큼이나 많은 자리를 차지하고 있는 걸 보라. 우리가 키스나 애무에 정신 못 차리는 건 당연해 보이지 않는가?

펜필드가 사망한 지 40년 이상이 지났지만, 그의 두정엽 지도는 여전히 정확하다. 이 지도는 오늘날에도 운동과 감각 기능의 위치에 관한 일반적인 지침으로 사용되고 있다.

후두엽

머리에서 가장 뒤쪽에 있는 뇌 부위는 후두엽이라는 곳인데, 'occipital'이라는 단어는 '뒤쪽'을 뜻하는 라틴어 'ob'과 '머리'를 뜻하는 'caput'에서 유래한 말이다. 이곳은 시각을 처리하는 기능을 담당해서 후두엽 양쪽이 손상되거나 뇌졸중이 오면 눈이 제 기능을 하고 있어도 시각을 잃을 수 있다.

이상한 현상은 후두엽 한쪽이 손상되었을 때 나타난다. 손상이 일어난 위치에 따라 시각에 거의 영향을 미치지 않는 일도 있지만, 이따금 '동측반맹homonymous hemianopsia'이 일어나기도 한다. 좌우시야 모두, 혹은 좌측이나 우측 시야 한쪽에서 시야 일부분이 확보되지 않아서 정면은 잘 보이지만 주변 시야 거리가 짧아져 옆쪽의 반이 보이지 않는 것이다.

측두엽

양쪽 귀에서 각각 위로 2.5센티미터 정도 높이에 손가락을 갖다 대 보라. 그 바로 안쪽이 측두엽이 있는 곳이다. 측두엽은 전반적으로 음성 처리 과정을 관장하며, 부분적으로 말을 이해하는 역할을 맡고 있다.

펜필드는 전기 탐침으로 측두엽도 찔러보았다. 그에 따라 몇몇 부위가 활성화되었는데, 그때 갑자기 환자는 상대방의 말을 이해하지 못하는 반응을 보였다. 또 다른 부위들을 자극하자 환자는 몽환, 질식, 불에 덴 느낌, 낙하하는 느낌, 데자뷔déjà vu(한 번도 경험한 일이 없는 상황이나 장면이 언제, 어디에선가 이미 경험한 것처럼 느껴지는 현상-옮긴이), 심지어 깊은 명상 상태까지 놀라울 만큼 다양한 감각을 느꼈다.

나도 언젠가 뇌 깊숙한 곳에 종양이 있었던 환자의 측두엽에 전기 자극기를 사용해 본 적이 있다. 더 안전하게 절개할 지점을 찾으려고 나는 여기저기 자극을 가했고, 그때마다 어떤 느낌이 드는지 환자에게 물었다.

어떤 부위를 자극하자 환자가 외쳤다. "켄드릭 라마Kendrick Lamar(그래미상을 수상한 미국의 래퍼-옮긴이)의 목소리가 들려요! 켄드릭이 랩을 하고 있어요!"

환자는 내가 귀 옆에서 스피커를 켠 것처럼 그 소리가 무척이나 선명하게 들렸다고 말했다.

🧠 뇌, 딱 걸렸어

회질은 회색이 아니다

살아 있는 뇌에서 회질은 회색이 아니며, 백질은 흰색이 아니다. 회색이나 흰색은 방부제 처리가 된 죽은 뇌 조직에서만 나타난다. 살아 있는 뇌에서 '회'질은 실제로 은은하게 빛나는 베이지-핑크색이며, '백질

─지방질의 미엘린 수초myelin sheath로 감싸인 축삭돌기─은 윤기가 반질반질한 진줏빛이다. 번뜩이는 수술실 조명 아래에서 보면, 뇌 표면은 보는 각도에 따라 색이 달라지고 그 사이로 붉은 루비색 동맥들과 푸른 히아신스색의 정맥들이 지나고 있다.

엽들의 아래쪽

지금까지 살펴본 네 개의 엽은 뇌의 바깥층, 즉 피질에 존재한다. 그 안에서는 축삭돌기와 수상돌기가 수십억 개의 뉴런들 사이와 그 아래 더 깊은 곳에 있는 뇌의 구조체들을 연결하고 정보를 전달하고 있다. 대뇌피질 아래의 피질하 영역 구조체들은 척수로 들어오고 나가는 신호들의 전송 중추 역할을 하며, 그 메시지들을 미세하게 조정한다.

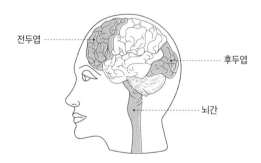

전두엽
후두엽
뇌간

해마hippocampus는 측두엽 바닥에 들어앉아 있다. 16세기 베네치아의 해부학자가 해양 어류의 일종인 바닷말을 닮았다고 하여 붙인 이름이다.(그리스어로 말을 의미하는 '*hippos*'와 바다 괴물을 의미하는

'kampos'에서 왔다.) 좌우 측두엽 아래 하나씩 있으며, 새로운 기억을 형성하는 데 필수적인 부분이다.

어떤 환자가 측두엽에 문제가 있어 간질 발작을 앓는데 좌측 혹은 우측 해마 한쪽이 우세하면, 한쪽 측두엽을 제거해도 남아 있는 한쪽 해마 덕분에 새로운 사람, 사건, 장소, 사건을 기억하는 능력이 훼손되지 않을 수도 있다. 어느 쪽이 우세한지 어떻게 아는 걸까? 국소 마취제로 한쪽씩 마비시키고, 환자에게 기억과 관련된 여러 질문을 해보면 확인할 수 있다.

과학자들이 처음 해마의 역할을 깨달은 것은 헨리 모레이슨Henry Molaison의 비극적인 사례에서였다. 그는 어린 시절부터 간질에 시달리다가 27세가 되던 1957년에 실험적 수술을 받았다. 간질을 유발하는 비정상적인 전기 신호들을 근절시키고자 좌측과 우측 측두엽을 제거한 것이다. 의사들은 그의 양측 해마와 주변 조직도 들어냈다. 그 후에 헨리는 새로운 정보를 짤막하게만 기억할 수 있게 되었다. 예를 들어 누군가가 그에게 1분 전에 한 말은 기억할 수 있었지만, 이것은 새로운 장기 기억으로 저장되지 않았다. 따라서 한 시간이 지나면 헨리는 그 대화를 전혀 기억해 내지 못했다.

편도체amiygdala는 아몬드 모양으로, 해마처럼 뇌 좌우 반구에 각각 하나씩 있다. 편도체가 자리한 곳을 그려 보려면 먼저 양 눈에서부터 곧장 뒤쪽으로 각각 두 개의 선을 죽 그리고 나서, 양쪽 귀를 연결하는 새로운 선을 하나 그으면 이 세 개의 선이 교차하는 지점이다. 편도체는 공포 감정이 일어나는 곳으로 유명하다. 그러나 이는 지나치게 단순화된 설명이다. 이 오해는 '클루버-부시증후군Kluver-Bucy syndrome'이라고 불리는 희귀병을 다룬 언론 기사에서 비롯됐는데, 편도체가 손상되면 공포심이 뚜렷하게 감소하는 특징이 나타난다는 점이 부각되었다. 공포심에 중대한 역할을 하는 것은 사실이지만, 편도는 다른 긍정적인 감정들과도 관련이 있다. 그러니까 공포심의 중추가 아니라 '강렬한 감정'의 중추인 것이다.

시상thalamus 역시 한 쌍으로 된 구조체이다. 뇌 깊숙이 자리한 다른 구조체들보다 크기가 크며 뇌 밑바닥 주변, 뇌간brain stem의 위쪽에 자리 잡고 있다. 이 거대한 회질 덩어리는 반구형 뇌의 한가운데서 축삭돌기들이 척수로 오가는 기차역 역할을 한다. 여기에서 축삭돌기들은 신호를 매만진다. 근육을 움직이기 위해 보내진 신호들을 매끄럽게 하고 가다듬는 것이다. 그러는 사이 신체에서 온 신호들 역시 이와 비슷하게 조율되고, 적절한 위치의 피질로 가기 위한 경로로 보내진다. 시상은 들어오고 나가는 신호를 올바른 위치로 보내주는 전화 교환원 같은 역할을 한다.

시상 바로 아래쪽에 자리한 시상하부hypothalamus는 통통한 포도알만 한 크기로, 혈압, 체온, 성장, 그 밖의 일들을 제어하는 호르몬을 조절한다. 이곳은 수술 시 건드리면 안 되는 '비행 금지 구역'이다.

뇌간은 이 모든 것들 아래쪽, 뇌의 밑바닥 중심에 자리한 구조체로 엄지손가락만 하다. 입안에 손가락을 넣으면 그 손가락 끝이 가리키는 자리, 셔츠 칼라가 닿는 목 뒤쪽 부근에 있다. 호흡, 수면, 심박 수, 의식, 고통 같은 기초 기능을 제어하는 뇌간은 한번 손상되면 회복이 불가능하다. 이와 관련해서 기적은 일어나지 않는다.

라틴어로 '작은 뇌'를 의미하는 소뇌cerebellum는 뇌간 뒤, 뇌의 나머지 부분 아래쪽에 자리하는데, 척추동물은 모두 가지고 있다. 소뇌는 적확한 타이밍에 신체의 움직임을 정교하게 조정하고 움직이는 데 큰 영향을 미친다. 한때 소뇌는 이러한 운동 제어 기능만을 한다고 여겨졌지만, 현재는 다양한 정신적, 감정적 기능에서 중요한 역할을 한다는 사실이 밝혀졌다. 몇몇 신경과학자들은 소뇌가 신체의 움직임을 조정하는 것처럼 생각과 감정 역시 다듬는 '학습 기계 관리자'라고도 생각한다. 하지만 뇌에 관한 우리의 지식 대부분은 아직 확정적인 것이 아니다.

목 아래쪽

뇌는 흔히 신체 꼭대기에 자리한 독립적인 기관으로, 흔히 '주조종실'처럼 묘사되곤 한다. 실제로 뇌와 연결되어 있는 척수에서 31쌍의 신경이 뻗어 나와 팔과 다리로 가서 손가락이 만지는 것이 무엇인지 뇌가 감지할 수 있게 해주며, 포도를 집어 들지, 포도 줄기를 던져 버릴지를 말해 준다. 또한 뇌에서 직접 뻗어 나오는 뇌 신경 중 미주신경의 자율신경계 섬유는 목 아래쪽으로 내려가 심장이 어떤 속도로 뛸지, 위장이 어떤 속도로 연동 운동을 해야 할지에 영향을 준다.

뇌가 신경을 통해서만 신체에 영향을 미치는 것이 아니다. 뇌의 더 깊숙한 곳에 있는 구조체들, 예를 들어 시상하부는 호르몬 조절기로, 근처에 있는 뇌하수체pituitary gland가 호르몬을 혈관으로 분비하도록 한다. 이런 호르몬들은 뇌 속 혈관에서 신체로 내려가서, 갑상선, 부신副腎(좌우의 콩팥 위에 있는 내분비샘-옮긴이)들, 고환, 난소가 무슨 일을 할지 알려 준다. 신체에 존재하는 모든 분비선들은 콧날 위쪽 뒤편, 뇌 밑바닥에 매달린 뇌하수체에서 나오는 이런 화학 물질들의 지배를 받는다. 호르몬 수치들을 살펴보면 우리 신체가 세밀하게 조율되고 있는지 아닌지를 알 수 있다. 즉, 호르몬 체제가 붕괴하면 질병이 발생한다.

피와 살에서 어떻게 인간의 의식이 발생하는지, 어떻게 물질에서 정신이 발현하는지에 대해 우리는 아직 아무 단서도 갖고 있지 않다. 초기에 그려진 두개골의 지도는 개략적인 것일 뿐이다. 앞으로 신경과학이 지도와 실제의 차이를 어떻게 메울지, 나는 너무나 궁금하고 기대된다.

🎈 괴짜 신경과학의 세계

아인슈타인 뇌 신경교세포neuroglia의 비밀

알베르트 아인슈타인은 사후 자신의 남은 육신을 가지고 무엇을 할지 분명한 지침을 남겼다. 시신을 화장하여 그 재를 비밀리에 뿌려달라고 한 것이다. 하지만 1955년 4월 18일에 아인슈타인이 세상을 떠나자, 병리학자 토머스 하비Thomas Harvey는 그의 뇌를 훔쳐서 자기 집으로 가지고 가버렸다. 하비는 아인슈타인의 뇌를 240조각으로 자르고, 두 개의 단지에 담아 방부 처리를 한 뒤 집 지하실에 보관했다. 그리고 전 세계의 과학자들에게 그 일부를 보냈다.

그중에는 해부학 수업으로 유명한 UC버클리의 신경해부학자 메리언 다이아몬드Marian Diamond 박사도 있었다. 그녀는 장난감과 동료들이 있는 풍족한 환경에서 쥐들의 뇌 두께가 두꺼워지고 수행 능력이 높아진다는 사실을 실험을 통해 처음으로 밝혀내기도 했다. 하지만 그녀의 진짜 명성이 시작된 건 1985년에 아인슈타인의 뇌 네 조각을 연구하면서부터였다.[1]

그녀가 발견한 것은 아인슈타인의 뇌에 일반인의 뇌보다 신경교세포가 유의미한 수준으로 많다는 사실이었다. 뉴런을 둘러싸고 보호하는 이 세포들은 그때까지 비교적 하찮은 뇌세포 취급을 받았는데, 이 연구로 인해 신경교세포가 단순한 방관자가 아니라 뇌 발달에서 중요한 역할을 한다는 사실이 알려졌다.

이제 우리는 알고 있다. 약 850억 개의 신경교세포가 뉴런에 영양분과 산소를 공급하며 신경들 하나하나를 서로에게서 분리하여 보호하고 침입한 병원균을 파괴하며, 죽은 뉴런을 치우고 뉴런 간의 소통을 탄탄하게 한다는 사실을 말이다.

2.
기억력과
아이큐를 넘어서

의과대학 두 번째 해를 마치고 나면 예비 의사들은 종일 진을 쏙 빼는 시험을 치른다. 바로 의사 자격 1차 시험이다. 이것은 8시간짜리 다지선다형 시험으로 해부학, 생화학, 행동과학, 유전학, 면역학, 병리학, 약학, 판구조론, 양자역학, 로켓과학, 상부 구석기 시대(BC 6만 2,000년에서 4만 년까지-옮긴이) 역사 등으로 이루어져 있다.

이 시험은 (거짓말 조금 보태서) 죽을 만큼 힘들다. 그 정도는 아니라고 하는 사람들도 힘들어하긴 매한가지다. 암기와 시험의 달인들인 1만 8천여 명의 의대생들과 경쟁해 점수를 내야 하기 때문이다.

의사의 미래가 오직 시험 성적에 달려 있다는 생각은, 완전히 진실은 아닐지라도 어느 정도는 맞는다. 이 성적이 레지던트 훈련을 받을 기관 간판은 물론, 어느 과에서 수련받을지에 결정적인 역할을 하기 때문이다. 시험 준비는 액면 그대로 수백 시간 동안 암기, 또 암기하는 것뿐이다. 나는 성적이 좋은 편이었지만, 내가 레지던트 수련을 받은 과에는 그해 전국 1등이라는 소문이 무성한 친구가 하나 있었다. 내가 앞 장에서 언급한 바 있는데, 바로 우리 병원에서 신경외과 인턴으로 뽑혔다가 몇 달 만에 걷어차인 그 친구다.

그 친구의 지능은 부족함이 없었다. 시험도 엄청나게 잘 봤다. 하지만 환자가 위험한 상태인지 아닌지, 언제 전문의의 도움을 요청해야 하는지, 자기가 환자를 다룰 수 있을지 없을지를 제대로 판단하지 못했다. 끊임없이 들려오는 환자들의 울부짖음에 그저 당황할 뿐이었다. 신참 의사는 스무 명의 환자들 사이를 오가고 신경외과 수술실을 들락거리면서 동시다발적인 업무를 수행하고 판단을 내려야 한다. 이런 순간에 다지선다형 문제 풀이를 위해 암기한 지식은 거의 도움이 되지 않는다.

의과대학에서 시험 성적이 가장 높은 학생들에게는 수술 훈련을 받을 기회가 주어지지만, 성적이 좋다는 게 과중한 업무 속에서 기술적 능력을 발휘할 재능이 있다는 뜻은 아니다. 그러니까 머리가 좋다고 해서 꼭 현실 세상에서 필요한 능력을 발휘하는 건 아니라는 말이다.

지능은 물론 중요하다. 물어야 할 건, 그것이 '얼마만큼' 중요하냐이다. 빌 게이츠와 오프라 윈프리가 머리가 좋다는 이유로 한 분야의 거물이 된 건 아니다. 이들이 멋진 아이디어와 관점을 비즈니스적으로 전환할 수 있었던 데는 지능은 물론 좋은 판단 능력, 성공에 대한 의사결정 능력, 관리 및 조직 능력, 주변 사람들에게 영감을 주는 힘이 함께 작용했다.

자, 그럼 이 근원적인 능력들이 뇌에서 어떻게 일어나는지, 여러분의 타고난 재능을 어떻게 최대로 끌어올릴 수 있을지 알아보자.

🎈 괴짜 신경과학의 세계 ──────────────

플린 효과Flynn Effect

1984년에 뉴질랜드의 학자 제임스 R. 플린James R. Flynn은 재미있는 사실을 발견했다.[1] 지능지수를 20세기 초반과 비교해 보니, 평균 아이큐가 10년 단위로 3점 정도씩 꾸준히 증가한 것이다.(미국 군대의 신병 지원자들을 대상으로 실시했으며, 조사 대상을 14개국으로 확대했을 때에도 비슷한 결과를 얻었다 – 옮긴이) 1920년 평균 지능지수는 지금으로 말하자면 70점대 정도인데, 현재 기준에는 지적으로 약간 장애가 있다고 여겨지는 수준이다. 요즘의 평균적인 사람들이 1920년대에 지능지수 검사를 받는다면 130점 정도가 나올 것이다. 이 점수는 오늘날 '천재'라고 평가받는 수준이다.

어떤 연구자들은 이 '플린 효과'에 대해 사람들이 단지 시험을 치르는 데 더 능숙해진 것 뿐이라고 한다. 교수법이 발달하고, 어린이집과 유치원이 생기고, 고등교육률이 높아지면서 젊은이들이 시험을 더 잘 치르게 된 결과라는 것이다.

하지만 플린은 젊은이들이 정말로 영리해진 것이라고 주장한다. 그리고 이는 교육 기회가 늘어난 덕분이기도 하지만, 할아버지 세대보다 영양 상태가 더 좋아지고 아동 질병이 감소한 덕분이라는 것이다. 더 중요한 건, 우리가 사는 세상에 인지적 도전들이 훨씬 많아졌다는 사실이다. 100년 전에는 미국인의 약 3분의 1이 농장에 살았지만 오늘날 농장에 거주하는 사람들은 2퍼센트도 채 되지 않는다. 1920년대에는 라디오가 유행하기 시작했을 뿐이고, 1950년대 말까지 가정 대부분에는 텔레비전이 보급되지 않았다. 2000년에 접어들기까지도 미국 가정의 인터넷 보급률은 절반에 못 미쳤다. 스마트폰은 2007년에 애플이 아이폰을 출시하기 전까지 존재조차 하지 않았다.

플린은 "우리는 대체 현실을 그린 게임이나 문학, 가상 현실, 비언어적 기호, 시각 이미지가 지배하는 세상을 살아가는 첫 번째 인류이다. 조상들의 눈으로 볼 때 마치 외계 행성처럼 보일 세상에서 우리는 진화하고 있다"라고 말했다.[2]

반박할 수 없는 이러한 사실들은 인류가 더 영리해질 수 있으며, 지능은 오직 DNA로만 결정되는 것이 아니라는 점을 보여준다.

뇌는 어떤 방식으로 기억하는가

20세기까지만 해도 과학자들은 '기억'이 뉴런들 사이의 그물 같은 연결망에 각각 저장되어 있다고 여겼다. 어떤 하나의 뉴런(혹은 뉴런 무리)에 저장된다거나, 뉴런들이 결합되는 방식에 따라 이루어진다고 믿지는 않았다. 이런 관점은 1950년 신경심리학자 칼 래슐리Karl Lashley의 유명한 논문으로 의심할 여지없이 입증되는 듯 보였다.[3] 래슐리는 쥐들에게 미로, 일, 물체를 기억하도록 가르치고, 뇌의 다양한 부위를 절제해 보는 실험을 수백 차례 시행했다. 어느 부위를 절제하든 쥐들은 자신들이 학습한 것을 계속 기억했다. 다만 기억력이 조금 떨어질 뿐이었다. 두 곳을 절제하자 조금 더 많이 망각했고, 세 곳, 네 곳 등

절제 부위가 늘어나자 더 많이 망각했다. 하지만 어떤 특정한 부위가 다른 부위에 비해 특히 더 중요하진 않았다. "특정한 기억을 저장하는 특별한 세포는 없다"라고 래슐리는 썼다.

래슐리의 관점은 1984년 첫 공격을 받기 전까지는 정론이었다. 신경과학자 리처드 톰슨Richard Thompson이 토끼에게 특정한 소리를 들려주면서 그때마다 눈에 입김을 불어 눈을 깜빡이게끔 훈련하기 전까지 말이다. 그 소리가 입김과 관련 있다는 것을 습득하게 되자 토끼들은 입김이 불어오지 않을 때조차 그 소리가 들리면 눈을 깜빡이게 되었다. 또한 톰슨은 뇌간 근처의 소뇌 일부에서 백여 개의 뉴런들을 제거하면 토끼들이 눈을 깜빡이지 않게 된다는 사실을 발견했다.[4] 래슐리의 이론과는 반대였다. 톰슨은 이 뉴런들 어딘가에 소리와 입김 사이의 연관성이 기억으로 저장되어 있다고 설명했다.

2005년에 이르러서 과학자들은 개별 뉴런마다 각기 다른 특정한 얼굴을 인식한다는 사실을 보여주었다. 예를 들어 배우 제니퍼 애니스턴의 사진을 제시하면 해마 속에 있는 어떤 뉴런 하나가 반응하고, 배우 할리 베리의 사진을 보여주면 또 다른 뉴런이 반응하여 불이 탁 켜지는 것이다.[5]

그 이후 연구자들은 쥐에게 잘못된 기억을 만들어내는 일련의 신경분자적 기술neuromolecular tools을 개발했다. 크리스토퍼 놀런 감독의 영화 〈인셉션〉에는 이와 비슷한 기술이 등장한다.

어떤 특정한 자극과 관련된 공포를 사라지게 만드는 기술들도 개발되고 있다. 이 치료법은 언젠가 공포증이나 외상 후 스트레스 장애

PTSD, post-traumatic stress disorder로 고통받는 사람들에게 도움을 줄 수 있을 것이다.

세균에게서 배운 것

기억력은 생명체의 핵심이다. 자기 복제의 청사진을 기억하는 것 말고 DNA의 존재 이유가 또 있을까?

기억 능력에 뇌가 꼭 필요하다고 여러분은 생각할 것이다. 하지만 실상 그렇지가 않다. 예를 들어 단세포 박테리아인 대장균에게도 유사 단기 기억 능력이 있다. 온혈 동물의 위장 속에 살면서 때때로 식중독을 일으키곤 하는 그 균 말이다. 믿기 어렵겠지만 사실이다. 우리 창자에서 음식을 찾아 헤엄쳐 다닐 때, 대장균은 직선 형태를 유지하며 다닌다. 그러다 뭔가 영양가 있는 것을 발견하면 그 자리에 멈춰 서서 그것을 먹고, 그 자리에서 피루엣(발레에서 한 발을 축으로 팽이처럼 도는 것-옮긴이)을 한 바퀴 돌고, 근처에 더 맛있는 것이 있는지 찾으려고 원을 그리며 가까이 모인다. 그 공간에 먹을거리가 다 떨어지면 그 자리를 떠나 다시 또 같은 행동을 반복한다.

사실은 거의 모든 동물이 이런 식으로 행동한다.[6] 바로 지역적 탐색area-restricted search이라는 행동이다. 비둘기는 어떤 의자 아래에서 빵 부스러기 한쪽을 발견하면 남은 것이 없어질 때까지 근처에 있는 빵 부스러기들을 계속 쫀다. 먹을 게 없어지면 날개를 펄럭이며 다른 지역을 탐색하러 간다.

주어진 장소에서 마지막 부스러기까지 다 찾았는지를 확인하는 것과 그 뒤에 체계적으로 다른 지역을 찾는 것, 이 두 전략 모두 실제로 중요하다.

기억도 이런 방식으로 작동한다. 그러니까 지역적 탐색을 한다는 말이다. 여러분에게 지금 생각나는 동물들의 이름을 모두 적어보라고 한다면, 여러분은 먼저 '반려동물'부터 시작하여, 고양이, 개, 금붕어, 앵무새 등등을 적어 내려갈 것이다. 그리고 그 범주에서 기억나는 동물이 다 떨어지면 다른 범주로 옮겨가게 될 것이다. 마치 그 자리에 빵 부스러기가 더 이상 남지 않았음을 발견한 비둘기처럼 말이다. 여러분은 이제 소, 닭, 돼지, 염소, 말 같은 가축을 떠올릴 것이다. 그리고 나서 그 범주에서도 생각나는 동물 이름이 떠오르지 않으면 사자, 호랑이, 원숭이 같은 야생동물을 떠올리게 될 것이다. 이런 식으로 주욱 이어질 것이다. 대장균이 우리 위 속에서 먹을 걸 찾는 것과 똑같은 과정이 우리가 시장 볼 목록을 떠올릴 때도 일어난다. '유제품, 과일, 채소, 고기 종류….'

이와 관련해《기억과 인지Memory and Cognition》에 실린 정말로 멋진 연구 하나가 있다.[7] 이 연구는 지능이 높은 사람들이 낮은 사람들에 비해 전반적으로 동물의 이름을 더 많이 적을 수 있는데, 이는 그들이 머릿속에서 검색할 만한 범주들을 더 많이 떠올릴 수 있기 때문이라고 말한다. 연구자들은 또 다른 참가자들을 대상으로 다시 한번 테스트해 보았다. 이번에는 참가자들에게 범주화된 목록(반려동물, 가축, 야생동물, 숲속 동물 등)을 미리 제시해 보았다. 그 결과 더 영리한 사람들과 덜 영리한 사람들 간의 차이는 사라졌다.

치매 초기 징후가 있는 사람들은 범주화에서 문제를 보인다. 어떤 범주에 속한 사물을 떠올리라고 하면, 범주 검토를 제대로 못 하거나, 각 범주에 속한 대상들을 다 살펴보기도 전에 다음 범주로 넘어간다.

따라서 뭔가를 기억해 내려고 할 때는 대장균과 비둘기가 준 교훈을 따르라. 의도적으로 지역적 탐색을 연습해 보는 것이다. 뇌가 먼저 관련 범주들을 부지런히 훑어보고 나서 각 범주에 속한 하위 대상들을 찾게 하라.

쉬운 연습 문제 하나를 풀어보자. 5분도 채 안 걸릴 것이다. 먼저 종이 한 장과 연필 한 자루를 준비하라. 컴퓨터 화면에 새 문서창을 열어도 좋다. 그리고 알람을 2분 후로 맞춘다. 준비되면, 주어진 시간 안에 물에 사는 동물들의 이름을 종류별로 최대한 많이 써보라.

준비되었는가? 그럼 시작!

좋다. 끝났으면, 다시 한번 해보자. 하지만 이번에는 다음의 범주들을 사용하길 바란다. 다시 2분 동안 할 수 있는 한 많이 적어보라.

준비하시고…, 시작!

1. 민물고기

2. 바다에 사는 물고기

3. 바다에 사는 포유류

4. 위험한 물고기

5. 껍데기가 있는 바다 생물

해보았는가? 이 다섯 가지 범주는 새로운 종류의 수생 동물들을 생각해 내는 데 도움이 되었을 것이다. 지역적 탐색은 세균들에게만큼이나 우리에게도 효과적이다!

학습하는 나무

웨스턴오스트레일리아대학교의 진화생태학자인 모니카 가글리아노 Monica Gagliano는 아주 놀라운 일군의 실험을 했다.[8] 식물도 학습할 수 있다는 사실을 보여준 실험들이었다.

가글리아노가 연구했던 첫 번째 식물은 미모사로, 콩과에 속하는 다년생 풀이다. 손길이 닿거나 흔들리면 잎이 안쪽으로 오그라들면서 아래로 축 처졌다가 몇 분 뒤 펼쳐지는 것으로 유명해, 일명 '건드리지 마세요'라는 별명을 가진 예민한 식물로 알려져 있다.

가글리아노는 식물이 어떤 방해를 받았을 때 그것을 무시하는 걸 학습할 수 있을지 시험해 보기로 했다. 그녀는 연필꽂이 안에 미모사 한 다발을 넣고, 주기적으로 그것들을 30.5센티미터 정도 아래로 떨어뜨렸다. 처음에 미모사들은 낙하 즉시 안쪽으로 잎을 오므렸다. 하지만 이런 일이 반복되자 잎은 반응하지 않고 계속 펼쳐진 채로 있었다. 미모사가 낙하에 적응하고 있었다. 즉 학습이 이루어진 것이다.

이와 관련해 여러 가설이 존재하지만 지금까지 밝혀진 확실한 사실은 이것이다. 학습 능력과 기억 능력은 생명에 무척이나 중요하며, 식물이나 박테리아에게도 똑같이 존재한다!

뇌 훈련은 헛소리다?

오늘날 많은 신문 기사들이 뇌 훈련이란 사이비 과학이라고 주장한다. 인기 있는 온라인 두뇌 게임을 만들어 파는 '루모시티Lumosity'는 미 연방거래위원회Federal Trade Commission로부터 언론에서 입증되지 않은 주장을 펼쳤다고 200만 달러의 벌금을 부과받기도 했다.[9]

하지만 나는 신경외과 의사이자 신경과학자로서, 과학 문헌들을 살펴보고 환자들을 관찰한 결과 뇌 훈련이 꽤 유익하다고 느껴왔다. 어떤 종류의 뇌 훈련은 우리의 뇌 기능을 유의미한 수준으로 향상해 줄 수 있다.(꼭 '루모시티' 같은 훈련 프로그램을 말하는 건 아니다. 하지만 학습을 더 잘 이루어지게 해주는 훈련 프로그램들이 존재한다는 얘기다.)

뇌 훈련의 효과에 관한 놀라운 설명 중 하나는 2016년에 발표된 '독립적이고 건강한 노년을 위한 인지 훈련ACTIVE, Advanced Cognitive Training for Independent and Vital Elderly' 연구이다. 미 국립노화연구소 National Institute of Aging의 지원을 받은 이 연구는 시험 초기에 평균 연령 73.6세의 건강한 노인 2,832명을 대상으로 했다. 연구자들은 참가자들을 임의로 네 집단으로 나누었다. 첫 번째 집단은 전혀 뇌 훈련을 받지 않았고, 두 번째와 세 번째 집단은 기억과 추론 능력을 증진해 준다는 거짓 훈련을 받았다. 네 번째이자 마지막 집단은 소위 '처리 속도'를 향상하도록 고안된 비디오 게임 훈련을 10시간 동안 받았다.

5년 후, '처리 속도 향상 훈련'을 받은 집단은 다른 집단에 비해 자동차 사고를 낸 확률이 절반밖에 안 되었다.

10년 후 추적 결과는 더 놀랍다. 가장 많은 시간 동안 처리 속도 향상 훈련을 받았던 사람들은 치매 발생 위험이 거의 절반으로 뚝 떨어졌던 것이다.(어떤 약물을 먹거나 치료를 해 본 적은 없었다.)[10]

비단 노년층만이 두뇌 훈련에서 이득을 얻을 수 있는 건 아니다. 동료 의사들이 환자를 수술한 후 대부분 시행하는 화학 요법과 방사선 요법이 인지 능력에 미치는 영향에 관해, 나 역시 뇌종양 수술을 전문으로 하는 의사로서 오랫동안 생각해 왔다. 소위 '화학 뇌(항암 치료가 기억력, 집중력 등 뇌의 인지 기능에 장기적으로 영향을 미친다는 조어措語 - 옮긴이)'는 그저 환자를 지치게 하는 것만이 아니다. 특히나 아이들의 경우, 뇌 수술과 항암 치료를 받고 나서 지능지수가 감소한다는 사실은 익히 알려져 있다. '코그메드Cogmed'라는 뇌 훈련 프로그램에 관한 선행 연구들은 아동들이 이러한 변화를 겪는 것을 예방하는 데 이 프로그램이 도움을 줄 수 있는지 탐색하고 있다.

코그메드를 만든 회사에서 훈련받았던 심리학자들의 말에 따르면, 이 프로그램에는 주의력과 집중력을 까다롭게 요구하는 연습 과제들이 포함돼 있다. 예를 들어 3D 그리드 과제는 동일한 장면에서 일련의 패널들 위로 짧게 깜빡거리는 불빛이 나타난다. 다른 연습 과제 하나는 일련의 숫자를 크게 들려주고 나서 그것을 컴퓨터에 입력하게 하는데, 이때 그 목록들을 역순으로 입력해야 한다. 이런 과제들은 처음에는 쉽지만 뒤로 갈수록 점점 더 어려워지고 주의력과 집중력을 발휘하기가 힘들어진다.

2018년 옥스퍼드대학교, 하버드대학교, 허니웰 에어로스페이스 Honeywell Aerospace의 연구자들이 발표한 연구는 이 부문에서 가장 까다롭게 설계된 연구 중 하나이다. 이들은 유수의 대학들에서 113명의 학생들을 모집해서, '로봇 팩토리Robot Factory'라는 두뇌 게임의 효과를 시험해 보았다.[11] 학생들은 이 두뇌 게임만 사용한 집단과, 두뇌에 전기 자극을 가하는 경두개 전기자극술tDCS, transcranial direct current stimulation을 함께 사용한 집단으로 나뉘었다. 3주 후, 두뇌 게임만 했던 집단은 지능 검사에서 유의미한 변화가 없었지만 두 가지 요법을 함께 쓴 집단은 유의미한 성과를 냈다.

지능을 넘어서

기억력과 계산 능력은 중요하다. 하지만 여러분이 수학자가 아닌 다른 일을 하고 싶다면, 이 능력들 말고도 또 다른 뇌의 능력 몇 가지가 더 필요할 것이다.

감성 지능

유치원 놀이터에서 임원 사무실까지, 사람들과 잘 지내는 능력은 무척이나 중요하다. 과학 저널리스트 대니얼 골먼Daniel Goleman은 『EQ 감성 지능』에서 '감성 지능'이란 "감정적 충동을 자제하고, 다른 사람들의 가장 내밀한 감정을 읽고, 부드럽게 인간관계를 맺는 능력"이라고 썼다.[12]

이런 자질들이 자연스럽게 발휘되는 기반은 뇌, 그중에서 주로 전두엽이다. 전두엽은 흔히 인간의 지능이 자리한 본부로 알려져 있지만, 감정적, 사회적 자기 통제가 일어나는 곳이기도 하다. 전두엽이 손상되면 감정 기능도 무너지기 시작한다. 전측두엽 치매frontotemporal dementia를 앓는 환자들은 감정을 통제하지 못하는 증상을 보이는데, 갑자기 울부짖고, 장례식장에서 웃음을 터뜨리고, 아무 이유 없이 발끈하기도 한다.

물론 우리는 이토록 중요한 감성 지능 없이도 성공한 사람들도 있음을 알고 있다. 창조적인 예술가나 비즈니스 리더들 중에는 괴팍한 성격으로 유명한 사람이 많다. 스티브 잡스만 보더라도 울컥하는 성격에 걸핏하면 동료에게 욕을 하곤 했다고 알려져 있다. 또한 잡스는 우울증으로 한바탕 침체기를 겪기도 했다. 만약 여러분이 이런 감정적 장애를 겪고 있다면, 어떻게 해야 성공할 수 있을까?

투지와 결단력[13]

맥아더 상을 수상한 심리학자 앤절라 더크워스Angela Duckworth는 성공에는 그 어떤 자질보다 성실함과 끈기가 훨씬 큰 역할을 한다고 주장한다. 제아무리 영리한 사람이라도 정말 열심히 노력하는 사람을 당해낼 수 없다고 말이다. "과제를 끈기 있게 하는 학생, 절대 포기하지 않는 과학자가 더 멀리 갈 수 있다. 게으른 천재와 포기하지 않는 공붓벌레가 있다면 나는 언제든 공붓벌레 쪽에 걸겠다"라고 더크워스는 말한다. 한 연구는 '투지'가 일어나는 곳으로 우전전두피질right prefrontal cortex 속에 있는 아주 작은 영역을 지목한다. 또 다른 연구에서 이 부위는 자기 통제, 계획 세우기, 목표 설정, 실패 경험을 성공으로 전화위복시킬 생각을 하는 일과 관련 있다고 말한다.

모두 멋진 말이다. 어느 누가 노력과 결단력의 가치에 이견을 제시할 수 있단 말인가? 그런데 여러분은 정말로 재능 없는 사람이 끈덕진 노력 끝에 걸작을 그려내고, 우주의 수수께끼를 풀길 기대하는가? 그런 사람에게 여러분의 뇌 수술을 맡기고 싶은가? 타고난 지능이 하는 역할은 없을까?

연습, 연습, 연습

안데르스 에릭슨K.Anders Ericsson은 타고난 지능 같은 건 실제로 없다고 말한다. 그는 천재성이란 단순히 다년간의 노력과 근면한 연습의 결과물일 뿐이라고 주장한다.

에릭슨은 이 주장을 뒷받침하기 위해 평범한 기억력을 가진 사람이 학습을 통해 어마어마한 수의 숫자를 암기할 수 있는지 연구했다.[14] 그의 연구에서, 평균적인 지능의 대학생들은 수개월 동안 암기 연습을 하는 것만으로도 무작위로 선정된 90개의 숫자를 한 번에 암기할 수 있게 되었다. 하지만 여기에서 문제는 이 학생들이 숫자가 아닌 다른 것, 이를테면 단어를 암기할 때는 숫자 암기에서만큼의 실력을 보여주지 못했다는 점이다. 즉 연습했던 특정한 기술에서만 재능이 향상됐다. 더 나아가 에릭슨은 체스 그랜드마스터 같은 사람들에게도 연습이 마찬가지로 중요하다고 주장했다. 임계점을 넘어서고 나면, 그때부터 재능이나 지능지수만으로는 안 된다는 것이다.

말콤 글래드웰Malcom Gladwell은 『아웃라이어』에서 '10만 시간의 법칙'이라는 개념을 내세우면서 에릭슨의 연구를 대중적으로 널리 알렸다.[15] 이 법칙에 따르면 체스 연습이든 기타 연주든 누구나 10만 시간 동안 성실하게 연습하면 탁월한 기량을 발휘하게 된다. 정말로? 그럼 9,738시간을 연습하면 어떻게 되는 걸까?

이 말은 난센스다. 물론 누구나 연습을 하면 기술이 향상된다. 특히 어떤 분야에서는 확실히 그렇다. 하지만 올림픽 금메달을 그저 오래 연습한다고 해서 딸 수 있는 것일까? 10년 동안 글을 쓰면 누구든 퓰리처상을 받을 수 있는 걸까? 그렇진 않다. 1만 회의 수술을 집도해도 실력이 썩 좋지 않은 외과 의사들도 있다. 타고난 재능은 부정할 수 없는 요소다.

내 생각은 간단하다. 성공으로 가는 길은 누구나 다르지만 영리할수록 더 좋은 기회가 생기는 건 분명하다는 것이다. 감정적으로 균형을 잘 잡을수록 역시 더 나은 성과를 얻고, 장애물을 극복하고 오래 연습하기로 결단을 내리고 투지를 불태울수록 성공할 확률이 높다. 그리고 전두엽이나 우전전두피질의 중심 영역이 이런 능력들을 강화하는 데 근본적인 역할을 하는 게 사실이다. 뇌 전체가 조화롭고 통합적으로 함께 작용해야 최선의 결과를 끌어낼 수 있지만 말이다.

자가 테스트의 힘

노벨상을 받는 교과서적인 방법 같은 건 없다. 하지만 암기를 더 빠르게, 더 잘하는 체계적인 방법은 존재한다. 이 방법을 사용한다고 해서 더 똑똑해지는 건 아니지만 짧은 시간 내에 학습 효과를 올릴 수는 있을 것이다.

외국어 어휘, 인체에 있는 근육, 혹은 고대 이집트 파라오의 계보를 공부해야 한다고 해보자. 어떻게 공부를 시작할 것인가? 보통 사람이라면 먼저 공부할 내용을 읽고 또 읽거나, 목록을 만들거나, 개요를 짜고 공부할 것이다. 완벽하게 해내려면 연습하는 방법밖에 없는 것 아닐까?

그런데 그렇지가 않다. 암기력을 높이는 데 어떤 내용을 반복해 공부하는 방식은 자가 테스트 방식보다 훨씬 효과가 떨어진다. 워싱턴대학교의 심리학자 헨리 L. 로디거 3세Henry L. Roediger III와 제프리 D. 카피크Jeffrey D. Karpicke의 연구는, 반복 학습만 한 것보다 먼저 한번 공부해 보고 나서 자가 테스트를 해본 편이 훨씬 더 나은 학습 방법임을 보여주었다.[16] 그러니 스스로 테스트해 보고, 어디까지 습득했는지 확인해 보라. 이렇게 확인하는 시점에서 학습이 일어난다.

여러분이 두뇌 훈련에 관해 앞에서 살펴본 내용을 얼마나 기억하고 있는지 지금 시험해 보자.

1. 미 연방거래위원회가 루모시티에 부과한 세금은 얼마인가?

2. '처리 속도 향상 훈련'을 받았던 사람들이 그러지 않았던 사람들에 비해 자동차 사고 비율이 얼마나 되었는가?

3. tDCS란 무슨 뜻인가?

4. 연구자들이 참가자들로 하여금 '처리 속도 향상 훈련'을 받게 하고 나서 몇 년 후에 참가자들의 치매 발전 위험에 관한 영향력을 평가했는가?

여러분이 내린 답을 확인해 보고 나서 다음 장을 읽어보라. 다 읽은 뒤 다시 이곳으로 돌아와 이 네 가지 질문에 답해 보라. 훨씬 더 많이 맞혔을 것이라고 장담한다. 자가 테스트는 기억에 도움을 주는 강력한 도구이다!

3.
언어의 자리

　　　　　　　　　"그 단어 하나에서 모든 게 시작되었
어요. '펜'이요"라고 마리나가 말했다. 그녀는 33세의 고등학교 영어
교사였다. 문제는 6개월 전 수업 시간에 그녀가 학생들에게 퀴즈를 낼
때 일어났다. 그때 한 남학생이 필기도구가 없다고 말했다.

　　"자, 이걸 쓰려무나. 내…" 학생에게 이렇게 말하는 순간, 그녀는
아무리 애써도 자신이 손에 들고 있는 '필기도구'를 가리키는 단어를
끄집어낼 수가 없었다.

　　그 후로 다섯 달이 지나는 동안 그녀는 '펜' 외의 다른 단어들도 말
하지 못하게 되었다. 말실수는 점점 더 빈번해졌지만, 그녀는 그저 작
은 실수로 치부하려고 했다. 하지만 걱정이 커진 건 자신의 의도에 맞
는 말을 찾지 못하게 되면서부터였다.

　　마리나는 칠레에서 태어나서 자라다가 12세 때 부모님과 함께 캘
리포니아 남부 지역으로 이민 왔다. 모국어는 스페인어였고 영어는 제
2외국어였다. 그런데 영어는 그녀에게 점점 서툰 외국어가 되어가고
있었고, 그녀는 대화를 막힘없이 끌고 나가기 위해 영어 대신 스페인

어 단어를 사용하게 되었다. '펜'이라는 단어는 머릿속에서 도저히 찾아지지 않았고, 그 자리를 '플루마pluma(스페인어로 '펜'-옮긴이)라는 단어가 자연스럽게 끼어들었다. 평소에 자주 사용하는 단어나 이름이 목구멍에 걸려 나오지 않는다면, 그 누가 좌절하지 않겠는가? 마리나 가족의 주치의는 그녀의 나이에 이런 일들이 반복적으로 일어나는 건 걱정할 만한 일이라고 여기고는 그녀의 뇌 사진을 찍어보았다. 그 결과 사진에서 좌측두엽 중앙에서 정체를 알 수 없는 작고 어두운 반점이 발견되었다. 방사선 검사를 해보니 암이 의심되었다.

MRI상으로 크고 밝은 하얀색 얼룩이 나타났는데, 이는 교모세포종glioblastoma일 가능성이 크다는 의미였다. 이 공격적인 고위험군 종양은 영양을 보충받기 위해 새로운 혈관의 성장을 촉발하는 화학적 신호를 보낸다. 그 결과 MRI 촬영을 위해 혈관에 주입되는 조영제를 빨아들여 영상 이미지에 밝게 나타나 보인다. 하지만 마리나의 경우처럼 회색으로 보이는 덩어리는 천천히 자라고, 침입적인 특성이 덜한 경향이 있으며, 치료에 더 잘 반응한다.

나는 마리나와 그녀의 남편에게 말했다. "단어가 왜 입 밖으로 안 나오는지 몇 가지 이유가 있긴 합니다만, 확언하기엔 불확실한 부분들이 좀 있습니다." 나는 부부에게 뇌의 주요 부분에 관한 이미지들을 보여주고 어슴푸레하게 나타난 종양을 가리켜 보였다.

"암인가요?" 부부가 물었다.

"네, 하지만 수술로 완전히 제거하면 나을 수 있는 종류의 희귀 뇌종양입니다."

두 사람은 절망에 휩싸였지만 나을 수 있다고 말하자 얼굴에 희망의 빛이 떠올랐다.

하지만 이 종양을 제거하는 뇌 수술은 쉬운 작업이 아니었다. 마리나의 종양이 좌전측두엽에 자리하고 있었기 때문이다. 바로 언어를 관장하는 자리였다. 암 종양은 모두 다른 형태를 지닌다. 의사로서는 매번 다른 적과 상대해야 하는데, 그녀의 경우에는 주요 기능을 하는 뇌조직 뒤로 놈이 몸을 숨기고 있었다.

그놈이 다른 곳에 있었더라면, 깊숙이 자리한 놈에게 접근할 때 뇌 표면에 충분한 안전지대가 있었을 것이다. 하지만 마리나의 종양에 가 닿으려면 수술하는 내 손길이 감히 이해할 수조차 없는 '언어 영역'을 통과해야 했다. 그 종양을 완전히 처리하기 위해서는 뇌 깊숙한 곳에 있는 가쪽 고랑(실비우스열sylvian fissure)이라는 둑에 위치한 위험 지대에서 안전한 입구를 찾아야 했다. 가쪽 고랑은 좌측 측두엽에서 우측 전두엽을 분리하는 경계로, 전체적으로 언어에 매우 중요한 뉴런들이 대리석 무늬처럼 퍼져 있다. 잘못된 부위를 찔렀다가는 말하는 능력뿐 아니라 신호와 몸짓을 이해하는 능력까지 잃는 사태가 벌어질 수 있다. 마리나는 아주 근본적인 수준에서 의사소통하는 법을 잃을 위험에 처해 있는 것이었다.

브로카 영역과 베르니케 영역

잠시 마리나의 이야기에서 벗어나 뇌의 언어 부위를 조금 더 살펴보자. 이 문제에 관해서는 19세기에 과학자들 사이에 격렬한 논쟁이 벌어졌다. 어떤 과학자들은 언어는 뇌의 특정한 부위가 아니라 뇌 전체가 관장한다고 주장했다. 여러분 뇌의 어떤 부위가 제거된다고 해도 말하고 이해하는 능력을 완전히 잃는 것은 아니라는 말이다. 하지만 언어가 뇌의 특정한 위치에 둥지를 틀고 있다는 첫 번째 증거는 1840년 당시 30세였던 프랑스인 제화공 루이 빅터 르보르뉴Louis Victor Leborgne에게서 나왔다. 그는 '탠Tan(프랑스어로 무두질-옮긴이)'이라는 한 단어만 제외하고 말하는 능력을 잃었다. 그는 다른 사람들이 하는 말을 이해할 수 있었는지도 모르지만, 죽는 날까지도 말하고 쓸 줄 아는 단어는 '탠' 하나뿐이었다. 질문을 받으면 그는 "탠 탠." 하고 그 단어를 두 번 말했다. 파리 바로 외곽의 비세트르 정신병원 Bicêtre Hospital에서는 그를 '탠'이라는 별칭으로 불렀다. 그 후로 21년이 지나는 동안 탠은 신체 우측이 마비되었고, 괴저를 앓았다.

1861년 4월, 죽기 전 며칠 동안 탠은 발화에 특별히 관심이 있는 한 의사의 방문을 받았다. 피에르 폴 브로카Pierre Paul Broca였다. 브로카는 탠이 사망한 뒤 그의 뇌를 해부했는데, 전두엽 뒤쪽 하부, 그중에서도 가쪽 고랑 측두엽 경계 부위에서 조직이 죽어 있는 부분을 발견했다. 이는 매독 때문으로 보였다.[1] 몇 달 지나지 않아 브로카는 같은 병원에서 또 한 사람의 환자를 만나게 되었다. 라자르 르롱Lazare Lelong이라는 84세의 이 환자는 탠과 비슷한 증상을 보였다. 그가 할 줄 아는 단어는 딱 다섯 개였다. '네', '아니오', '셋', '늘', 그리고 자신의 이름을 잘못 발음한 '르로'였다. 르롱이 죽자 그의 뇌를 해부해 본 브로카는 이번에도 탠의 뇌와 거의 똑같은 자리에서 죽은 조직을 발견했다.

이제는 브로카 영역이라고 알려진 그 부위는 크기가 무척이나 작지만 말하는 능력이 생성되는 데 중대한 역할을 한다고 여겨진다. 하지만 말을 '이해하는' 능력은 다른 영역에 있다. 브로카의 발견이 있고 나서 얼마 지나지 않아 독일인 신경과학자 카를 베르니케Carl Wernicke가 발견한 영역이다. 베르니케 영역이라고 불리는 이곳은 마찬가지로 가쪽 고랑 근처에 있지만, 측두엽 쪽에 있다. 이 영역이 손상되면 말을 끊임없이 할 수는 있지만, 일관성 없는 단편적인 단어들을 내뱉을 뿐이다.[2]

브로카와 베르니케의 발견 이후 100년 동안 과학자들은 이 영역들이 언어와 관련된 중요 부위라고 생각해 왔다. 하지만 내가 의사 수련을 받기 시작할 무렵에는 그마저 추정일 뿐임이 분명해져 있었다. 언어가 어디에 둥지를 틀고 있는지는 아직 확실히 모른다.

🎈 괴짜 신경과학의 세계

이중언어bilingual에 관한 신경과학적 진실

마리나의 이중언어 구사 능력은 그녀의 뇌에 큰 축복이었다. 제2외국어를 습득하는 일은 평생 건강한 인지 능력을 유지하는 데 상당히 도움이 된다. 두뇌 지도가 보여주듯 언어가 지배하는 뇌 영역은 각기 다른데, 각 영역에서 뉴런들은 바쁘면 잘 성장하고 할 일이 없으면 곧 시들어 버린다.

그렇다면 외국어 습득이 정확히 뇌에 어떻게 이로운 걸까?

주의력 향상

영국 버밍엄대학교의 연구자들은 최근 이중언어와 주의력에 관련된 연구를 시행했다. 99명의 자원자 중 51명은 오직 영어만 구사했고, 나머지는 어린 시절부터 영어와 만다린어 두 가지 언어를 구사했다. 영어만 구사하는 자원자는 세 종류의 주의력 테스트 중 두 종류에서 이중언어 구사자보다 반응이 느렸다.[3] 연구자들은 두 언어를 왔다 갔다 하는 능력이 주의력과 집중력을 증진시켰다고 결론 내렸다.

십수 개의 다른 연구들 역시 이중언어 구사자가 주의력과 집중력에서 이점을 가지고 있음을 보여준다. 이는 이중언어를 구사하는 사람들은 뇌가 한 가지 언어를 말할 때 다른 언어를 억제해야 하는 데서 기인한다. 뇌가 일을 많이 하게 되어 결과적으로 주의력이 전반적으로 향상되는 것이다. 영상 검사 결과로도 전전두피질과 피질하 영역 양쪽에 이점이 있음을 볼 수 있었다. 어린 나이에 제2외국어를 습득하고 더 유창하게 말할수록 좌측 두정엽피질의 회질의 양이 더 많았고, 백질의 양은 어른이든 어린아이든 이중언어를 잘 사용할 수록 더 많은 것으로 나타났다.

학습 능력 향상

오리건주 포틀랜드 지역 공립학교에서 아이들을 대상으로 4년 동안 이루어진 연구가 있다. 아이들은 영어만 사용하는 학급과 스페인어, 일본어, 만다린어 등 제2외국어를 배우는 학급으로 나뉘어 배정되었다. 중학교를 마칠 무렵에 두 그룹을 테스트해 보니, 제2외국어를 배운 아이들은 영어만 사용하는 동급생들에 비해 영어 읽기 기술이 1년 더 앞서 있었다.[4] 다른 연구에서는 영어가 모국어인 아동들을 영어로만 말하는 프로그램과 스페인어로만 말하는 프로그램에 각기 배정했는데, 이때 스페인어 프로그램에 참여한 아동들이 영어 프로그램에 참여한 아동들에 비해 작업 기억과 단어 습득 테스트에서 훨씬 점수가 좋았다.

치매 예방

2007년 캐나다 토론토에서 이루어진 한 연구에서는 이중언어 사용자들이 단일언어 사용자들보다 치매 발생 평균 연령이 4세 이상 늦다는 사실이 나타났다.[5] 그 뒤로 캐나다, 인도, 벨기에에서 이루어진 다른 연구들의 결과 역시 이중언어 사용이 치매 예방 효과가 있음을 확인했다. 《뇌과학 최신 동향Current Opinion in Neurology》에는 최근 다음과 같은 내용이 실렸다. "이중언어를 사용하는 것은 치매 시작 시기를 지연시키고, 강력한 인지 비축분cognitive reserve(두뇌 손상이나 기능 저하로부터 기존 기억을 보존하려는 두뇌의 특성 - 옮긴이)을 유지하게 한다." 요점은 분명하다. 여러분에게 자녀가 있고 그 아이가 제2외국어를 배운다면, 아이와 있을 때 두 가지 언어를 모두 사용하라. 그러면 아이들 뇌의 능력이 향상되고 인지 비축분이 늘어날 것이다.

뇌의 지도 그리기

언어를 말하고 이해하는 능력을 해치지 않고 마리나의 종양을 제거하려면 그녀만의 뇌 피질 지도를 그려야 했다. 언어에 민감한 지역을 안전하게 탐험하면서 뇌 지도를 제작하기 위해서는 그녀의 의식이 깨어 있는 상태에서 직접 안내를 받아야 했다. 나는 그녀의 뇌 깊숙한 곳으로 인도해 줄 입구를 찾아 뇌의 미세한 섬들을 탐험할 준비를 했다.

나는 마리나 부부에게 마리나가 의식이 있는 상태에서 종양을 제거할 것이라고 말했다. 그녀는 나에게 어디를 절개해도 안전한지, 혹은 안전하지 않은지 말해 줄 것이었다. 그녀가 이중언어를 사용한다는 특수한 상황이었기에 모든 지점을 두 번씩 확인해야 했다. 한 번은 영어로, 다른 한 번은 스페인어로 말이다.

수술에 대해 논의하고 나서 3주가 흘렀다. 나는 마리나 옆에 섰다. 그녀의 눈동자가 떨리고 있었다. 수술이 시작됐다. 그녀를 재우고 두피와 두개골, 경막을 열었다. 그녀가 깨어 있다면 너무 고통스러울 단계는 지나갔고, 이제 마취과 의사가 마취제를 줄여가며—뇌에는 고통을 느낄 신경이 없으므로—본 전투에 들어갈 준비를 했다.

"돌아온 걸 환영해요." 마취에서 깨어난 마리나에게 내가 말을 걸었다. "기분이 어때요?"

"정신이 없어요… 열었…어요?"

"그래요…. 준비가 되면 말해 줘요." 내가 대답했다.

그 전날 우리는 수술과 그녀의 역할에 관해 검토했었다.

내 왼손에는 만년필처럼 생긴 전기 자극기가 들려 있었다. 두 개의 탐침이 뱀 이빨처럼 찔러 들어가고, 탐침 사이로 미세한 전류가 이동하며 흘렀다. 이 전류는 탐침 사이에 있는 뉴런들에 일종의 충격기 같은 역할을 한다. 뇌 조직이 일시적으로 전기 자극을 받아 순간적으로 기능이 마비된다. 만지고, 자르고, 주무르는 동안 뇌는 그 사실을 알지 못한다. 충격을 받은 뉴런들은 아주 잠깐 기절하는데, 그럼으로써 자기들이 지닌 기능이 무엇이 됐든 발휘하지 못하게 된다.

신경생리학자가 그녀에게 숫자를 10까지 세라고 요청했다. 마리나가 숫자를 10까지 셌다. 다음으로 그가 그녀에게 알파벳 노래를 불러 보라고 요청했다. 그녀가 노래를 불렀다. 이어서 그는 그녀에게 모국어인 스페인어로 이 두 가지 행동을 반복해 시켰다. 그녀는 나무랄 데 없이 잘 해냈다. 이세 우리는 준비가 되었다.

나는 전기 자극기를 베르니케 영역 가장자리에 있는 한 지점으로 내렸다. 신경생리학자가 마리나에게 영어와 스페인어로 일련의 질문들을 던졌고, 그녀는 모두 무사히 통과했다. 이번에 그는 물건을 보여 주고, 그게 무엇인지 알아맞혀 보라고 했다. 그녀는 모두 맞혔다.

추측건대 이 지점은 안전했다. 내가 그곳에 메스를 넣어도 그녀의 언어 능력은 아무 손상도 입지 않을 것이었다. 나는 그 자리에 네모난 흰색 색종이 조각을 놓아 표시했다. 접착제도 없는 마른 종이쪽이 미끌미끌한 뇌 표면에 딱 달라붙었다.

옆 구역으로 넘어갔다. 신경생리학자는 마리나에게 알파벳 노래를 불러 보라고 했고, 나는 자극기로 그 지점에 충격을 가했다. 마리나가 계속 제대로 노래를 불렀다. 그러고 나서 그녀가 스페인어로 다시 노래를 불렀다. 나는 그녀가 노래를 절반쯤 부를 때까지 기다렸다가 전기 자극을 가했다. 그러자 'N'에서 노래가 멈췄다. 마치 음소거 버튼이라도 누른 것 같았다. 그녀에게서 말이 나오지 않았다. 그 지점이 금지 구역임을 뜻했다. 나는 그 자리에 스페인어를 뜻하는 'S'를 써넣은 붉은 색종이를 붙였다.

1시간이 지나자 그녀의 좌뇌에 붉은 색종이와 흰 색종이로 모자이크된 지도가 그려졌다. 언어 지형도가 반짝였다. 붉은 색종이는 건드려서는 안 되는 부분이었다. 붉은 색종이 몇 개에는 영어를 뜻하는 'E'가 쓰여 있었고, 다른 몇 개에는 스페인어를 뜻하는 'S'가 쓰여 있었으며, 'E'와 'S'가 모두 쓰인 것도 있었다. 반대로 흰색은 건드려도 되는 부분이었다. 그러니까 흰 색종이 아래쪽으로는 내가 뚫고 들어가 그 아래에 있는 종양을 제거해도 마리나의 말하기 능력에 지장이 없을 것이라는 의미였다.

테스트가 끝났고, 나는 수술을 시작했다. 흰 색종이를 치우고, 메스로 조직에 0.32센티미터 두께의 통로를 팠다. 터널이 무척이나 작아서, 조직 안쪽을 보기 위해 내비게이션 모니터를 들여다보아야 했다. 마리나의 뇌가 3D 이미지로 떴다. 내가 움직이고 있는 곳이 정확히 보였다.

5센티미터 안으로 들어가자 종양 한끝이 닿았다. 나는 흡인기로 바꿔 쥐고, 이 각도에서 종양을 가능한 한 많이 빨아냈다. 하지만 흡인기 튜브가 뻣뻣해서 붉은색 '비행 금지 구역'으로 둘러싸이게 되었고, 튜브를 비틀지도 움직거리지도 못하게 되었다. 이제 다른 각도에서 종양에 다가가야 했다. 그러니까 다른 흰 색종이 구역에서 다시 시작해야 했다는 말이다. 나는 조심스럽게 깊이를 가늠하고 진입 지점들을 계속 확인하고 파내고, 또 파냈다.

수술하는 동안 신경생리학자는 마리나에게 말을 하고 노래를 부르게 했다. 그러는 동안 나는 종양 전체를 손에 넣기 위해 스위스 치즈 같은 뇌 표면에서 진입 지점들을 절개하고 있었다. 그녀가 노래를 멈추면, 나도 손을 멈추고 메스를 뒤로 물렸다. 언어에 중요한 부분이라는 의미였으니 말이다. 마리나와 나는 힘을 합쳐 수술했다. 마리나의 목소리가 나를 이끌어 주었다. 그리고 그녀의 침묵은 나를 멈춰 세웠다.

3시간이 흘러 나는 마리나의 두피를 꿰맨 마지막 실을 뽑아냈다. 머리 안에서 무슨 일이 일어났는지 모르게 감쪽같이 덮었다. 하지만 우리의 작업은 아직 끝난 것이 아니었다. 수술하는 동안 그녀가 언어를 유창하게 구사하는 걸 확인했지만, 그녀가 회복된 뒤 영어와 스페인어 두 가지로 내 말을 이해하고 내게 말을 걸어줄 때까지는 안심할 수 없었다.

수술실 밖에서 그녀의 가족들이 기다리고 있다가 내가 다가오는 걸 보고 내 몸짓을 읽었다. 나는 시간을 낭비하지 않고 즉시 가족들에게 요점만 말해주었다. 그녀가 살았고, 움직였고, 말을 했다고. 이 세 동사가 가족들의 긴장을 풀어주었고, 그제야 우리는 더 깊은 대화를 나눌 수 있었다.

수술 다음 날 마리나의 뇌 MRI를 판독한 영상의학과 의사는 "완전히 다 들어냈군."이라고 말했다. 그 말이 맞았다. 우리는 최선을 다해 종양을 마지막 한 조각까지 다 제거했다.

다음 한 해에 걸쳐 그녀는 3개월마다 뇌 영상을 찍었다. 그 영상들은 모두 종양의 흔적이라곤 없이 깔끔했다. 그녀의 말하기 능력도 향상되었다. 마리나는 다시 교단에 섰고 걱정과 불안에서도 벗어났다.

끔찍한 선택

수술 후 1년 3개월이 지났을 때, 열다섯 번째 외래에서 마리나의 뇌 MRI에 작은 포도알만 한 그림자가 어른거렸다. 수술 직후에는 MRI에 아무 흔적이 없었는데 말이다. 종양이 재발한 것이었다. 최선을 다했음에도, MRI 검사와 메스의 집요한 추적에도 불구하고, 보이지 않던 악성 종양의 씨앗이 자라나고 있었다.(보통 이런 세포들은 때로 부모보다 생물학적으로 훨씬 더 공격적이다.)

나는 그녀에게 MRI 결과를 보여주었다. 마리나는 이 사실을 받아들이기 힘들어했다. 나였어도 그랬을 것이다. 또 한 번 그녀는 의식이 깨어 있는 상태에서 뇌 수술을 해야 했다. 재발한 종양은 그전보다 훨씬 공격적이라 수술하지 않으면 치료 기회가 없을 수도 있었다.

우리는 다시 수술실로 들어갔다. 벽에 붙은 모니터들이 예전에 내가 빨간색 종이와 하얀색 종이로 그렸던 그녀의 언어 지형도를 비춰주었다. 불필요한 섬들과 필수적인 섬들이 한데 섞인 언어의 다도해 지도 같았다. 하지만 처음의 지도를 지금은 신뢰할 수 없었다. 그녀의 언어 영역이 내 메스질로 인해 재구성되었기 때문이다.

그 결과 마리나는 끔찍한 선택을 해야 할 처지에 놓였다. 이번에는 언어에 필수적인 영역을 자르고 들어가야 할 것이라는 말이었다. 그런데 둘 중 어떤 언어를 버릴 것인가? 나는 생체검사 바늘을 사용해 종양을 조금 떼어내어 병원 지하에 있는 병리실에 보내서 그 등급을 확인했다. 우리는 초조하게 결과를 기다렸다. 30분이 하루처럼 길게 느껴졌다. 마침내 병리실에서 소식이 왔다며 간호사가 전화기를 내 귀에 대주었다. 종양은 아직 2등급이었다! 두 번째로 '완전 제거'를 시도해 치료할 수 있다는 뜻이었다.

우리는 다시 한번 뇌의 지도를 그렸다. 이제 영어는 이전에 스페인어가 둥지를 틀고 있던 뇌 조직 다발에 자리를 잡고 있었다. 전에는 언어에 중요하지 않았던 피질은 이제 유창하게 말하는 데 중요한 부위가 되어 있었다. 안전한 흰색 깃발이 꽂힐 부위가 적어진 것이다. 나는 다음의 사실을 마음에 되새겼다. 단 한 번의 실수로 폭 0.32센티미터 이상의 어떤 지점을 건드리면 전체 언어 능력이 제거될 수도 있다는 사실을.

내가 바라는 건, 한 번의 절개로 종양을 제거할 각도를 맞추는 것이었다. 마리나의 경우 영어 교사였기 때문에 더 어려운 선택이었다. 종양이 모두 제거된다 해도 영어로 말하는 능력을 잃는다면 그녀가 과연 행복할까? 그런 한편 스페인어는 그녀의 모국어이기 때문에, 자칫 스페인어를 담당하는 뇌 부위에 손상을 입기라도 하면 그녀는 아예 두 언어 모두 영영 잃게 될 가능성도 있었다. 이는 그녀든 나든 선택해서는 안 될, 전적으로 피해야 하는 일이었다.

때로는 진입을 위해 새로운 창문이 만들어져야 할 때도 있다. 두 번째로 뇌의 안전한 위치에서 종양이 확보되지 않는다면 종양 일부를 남겨 두는 방법이 있었다. 그런 다음 화학 요법과 방사선 치료를 시행하고 최선의 결과를 바라는 것이다. 이 방법은 치료가 아니라 종양의 성장을 일시적으로 멈출 뿐이지만, 그녀는 두 가지 언어 능력을 온전히 지닌 채 수술에서 깨어날 것이었다.

수술 일주일 전, 나와 마리나는 종양이 주요 기능을 담당하는 피질 아래에 숨어 있는 경우에 할 수 있는 두 가지 시나리오를 의논했다.

"영어요." 그녀가 말했다. "두 언어 중 하나를 포기해야 한다면, 영어 부위를 걷어내세요. 저한텐 최소한 12년이 필요해요."

"왜 12년이죠?" 내가 물었다. "우리는 치료를 바라고 있잖아요."

"저희 막내가 대학에 들어갈 때까지요." 그녀가 대답했다.

그래서 나는 그렇게 했다. 그녀의 종양을 완전히 제거하기 위해, 1년 전에는 말하는 능력과 관계 없었지만 불가사의하게도 이제는 영어 능력이 둥지를 튼 뇌 조직으로 메스를 집어넣었다. 그 순간 그녀는 영어를 말할 수 없게 되었다. 지난 5년 동안 그녀의 MRI 결과는 음성이다. 그녀는 암에서 해방되었다. 그리고 이제 우리는 스페인어로 대화한다.

🧠 두뇌 운동

제2외국어의 이점 누리기

여러분이 학교에서 제2(혹은 제3)외국어를 배웠다면 행운아다. 만일 유년기에 한 가지 이상의 언어를 듣고, 두 가지 이상의 언어를 말하며 성장했다면 훨씬 더 행운아다. 하지만 이중언어 사용이 주는 인지 비축분을 아직 누리지 못하고 있다면, 무엇을 하면 좋을까?

내가 추천하는 방법은 직접 출석해야 하는 '강좌'에 등록하는 것이다. 물론 온라인상에는 언어 프로그램이 수없이 많다. 이런 프로그램들은 모두 자기들이 얼마나 빨리 해당 언어를 습득하게 해줄 수 있는지 홍보한다. 또 오프라인 강좌보다 저렴한 것들도 많다. 하지만 지불한 비용만큼 효과를 얻어내는 데는 실제 수업 환경보다 나은 건 없다. 돈을 투자해 강의에 직접 출석하는 일은 엄청나게 큰 동기를 부여하며, 수업 일정을 보다 착실히 따르게 만든다. "화장실이 어디죠?"라는 말도 아직 제대로 못 한다는 걸 선생님과 동료 학생들에게 들킬까 봐, 여러분은 공부를 하게 된다. '진짜' 영향을 미친다는 얘기다. 더 중요한 건 학생 대 학생의 대화가 언어 능력을 기적처럼 향상시킨다는 사실이다.

그래도 애플리케이션을 사용하는 걸 선호하는가? 그렇다면《PC 매거진PC magazine》을 참고하기 바란다. 다음과 같은 애플리케이션들이 한 무더기 소개되어 있을 텐데, 그 결론은 이러하다. "최고의 무료 언어 학습 애플리케이션은 '듀오링고Duolingo'이다."《뉴욕 타임스》와《월스트리트 저널》역시 듀오링고를 추천한 바 있다.

수업을 듣든 애플리케이션을 내려받든 여행을 하든 상관없이, 새로운 언어에 발을 깊숙이 들이고 연습하는 것이 중요하다. 제2외국어 학습은 여러분의 뇌에 좋은 영향을 준다.

4.
창의력의
불꽃을 일으켜라

　　　　　　　　　그는 응급실 복도에 놓인 이송용 침대에 조용히 앉아 있었다. 간호사가 내게 다가와 그가 몇 시간째 저러고 있다고 말해주었다. 기름때에 전 누더기를 걸친 남자는 아무 말도 하지 않고, 거의 움직이지도 않았다. 절망한 것처럼 보이지도 않았지만, 침착해 보이지도 않았다. 동부 로스앤젤레스병원에 있을 때였다. 나는 그가 노숙자는 아닌지 빠르게 훑어보았다.

　"유명 프로듀서를 만나보시죠." 간호사가 짓궂은 미소를 지으며 속삭였다.

　"TV 프로듀서요?" 나는 농담인 줄 알고 물었다.

　"저분이 항상 하는 말인걸요. 유명 '노숙자 프로듀서'이신가 봐요."

　나는 그의 진료 기록부를 보았다. '윌리엄'이라고 적힌 기록에는 그가 노숙자 쉼터를 들락날락했고, 이따금 이 병원 응급실에 들렀다고 적혀 있었다. 주로 정신적 문제로 말이다. 키가 크고 깡마르고, 부스스하게 자란 금발 머리와 수염으로 뒤덮인 모습이 꼭 수척한 사자 같았다. 나는 그에게 다가가서 내 소개를 하고 어디가 아프냐고 물었다.

"머리요." 그가 아무 감정 없이 말했다. "다쳤어요."

나는 뒤통수를 확인해 보아도 되느냐고 물었다. 그는 공허한 시선으로 내 등 너머를 바라보면서 그렇게 하라고 말했다.

그의 두피에는 깊이 벤 상처가 있었고 그 아래로 반들거리는 상아색 두개골이 드러나 있었다.

"무슨 일이 있었어요, 윌리엄 씨?"

"떨어졌어요."

팔에 주사 자국 같은 건 없었다. 옷 속에도 마약을 한 흔적은 없었다. 병원에 도착하자마자 한 소변 검사와 혈액 검사에서도 약물이나 마약 흔적은 없었다.

"간호사가 그러는데, TV 프로듀서였다고요?" 내가 물었다.

"네." 그는 1980년대에 유명했던 시트콤 두 편과 1시간짜리 경찰 쇼 프로그램 제목을 댔다.

"윌리엄 씨가 제작하신 건가요?"

"제가 총괄 프로듀서였죠." 그가 기계 같은 억양으로 말했다.

"그런데 무슨 일이 있었기에, 어떻게 노숙자가 되신 거죠?"

"해고당했어요."

다시 진료 기록부를 본 나는 그가 혼자임을 알 수 있었다.

"부인은 없으시고요?"

"이혼했어요."

"자녀분들은요?"

"둘이요."

"술을 드시나요, 윌리엄 씨?"

"아뇨."

"약은요?"

"안 해요."

두개골 골절은 없어서 나는 응급실 의사에게 그의 머리에 난 상처를 소독하고 꿰매 주라고 지시했다. 하지만 여전히 의학적으로는 들어맞지 않는 구석이 있었다. 이 전직 프로듀서의 무미건조한 말투와 행동은 어떻게 설명할 것인가? 그래서 나는 뇌 MRI 검사를 지시했다. '얼룩말'을 발견할 수 있을지도 몰랐기 때문이었다.('얼룩말'은 의사끼리 은어로 '희귀병'을 말한다.)

5시간 후, 다른 환자의 수술을 마치고 나온 나는 영상의학과 의사의 호출을 받았다.

"보여드릴 게 있어요."

영상의학과로 가자 그녀가 컴퓨터에 윌리엄의 MRI 영상을 띄웠다. 사진이 한 장 한 장 넘어갔다. 코, 눈, 이마뼈, 이마 바로 뒤에 있는 전두엽이 차례로 등장했고, 그다음으로 우측 전두엽과 좌측 전두엽 사이에 달걀보다 약간 큰 하얀색 원이 둥지를 틀고 있는 사진이 나타났다. 의학박사 학위가 없어도 이걸 들어내야 한다는 걸 알 법한 그림이었다.

접형골면수막종planum sphenoidale meningioma이었다. 인간의 진화된 지적 능력 및 실행 능력이 자리한 전두엽 한가운데를 누르고 있는 저 유명인사는, 서서히 자라나는 종류의 희귀성 종양이었다. 하지만 종양이 뇌 주변 조직을 먹어 들어가지는 않은 상태여서 그 자체로 암으로 여겨지진 않았다. 아마도 수십 년 전에 빙산의 일각처럼 숨어 있다가 자라기 시작했을 것이었다.

이 종양이 커지기 시작하면 양측 전두엽은 거기에 맞춰 옆으로 밀려난다. 그러다 어느 시점이 되면 양측 전두엽들이 정중선에서 완전히 멀어져 두개골 좌우 가장자리로 밀려나게 된다. 그러면 서서히 자라는 이 종양의 특성상 티 나지 않게 계속 압력이 커지면서 엽들이 변형된다. 천년 동안 떨어진 물방울이 바위를 변형시키듯이 수년간의 끊임없는 압력으로 인해 뇌의 모양이 바뀌는 것이다. 이 때문에 감정과 동기 소멸, 창의력과 자기 통제 능력 손실 등 대개 우울증이나 치매와 비슷한 증상이 나타난다. 이는 부분적으로는 종양이 서서히 자라면서 전두엽들이 딱딱한 두개골에 가로막혀 서서히 짜부라지는 데서 기인한다. 이 병은 서서히 시작되는 데다 다른 질환과 증상이 유사해서 초기에 진단을 놓치는 일이 많다. 수술로 종양을 제거하는 것만이 유일한 치료법이었지만, 쉬운 수술은 아닐 터였다.

며칠 후, 나는 윌리엄의 이마를 절개하고 눈과 코 위로 절개된 두피를 펼쳤다. 아주 미세하고 작은 끌을 이용해 구멍을 몇 개 내고 이마 부위의 뼈를 들어냈다. 가느다란 뼈 연결 부위들이 마지막 저항을 하다가 나뭇가지가 부러지는 소리를 내며 조각났다.

위대한 대자연의 걸작품이여, 반갑다. 외과 의사라는 조각가를 위한 최상품 대리석이여! 정중선正中線은 가장 위험한 부위다. 두개골 정중앙, 앞에서 뒤로 넘어가는 그 팽팽한 회색 조직은 좌반구와 우반구를 나누는 용골 같다. 거기에는 뇌 조직에서 흘러나오는 피가 빠져나가는 거대 정맥이 자리 잡고 있다. 나는 그것을 묶고, 몇 인치를 절개하고, 목표물을 보았다. 윌리엄의 좌우 전두엽과 그 사이에서 자라고 있는 종양 말이다.

몇 시간에 걸쳐 나는 조직 덩어리를 파냈다. 조직은 너무 오래 익힌 가리비 살같이 물컹했다. 파낸 자리에 구멍이 크게 뚫렸다. 1밀리미터씩, 나는 종양과 그것을 감싼 뇌 조직을 떼어냈다. 목표는 종양을 제거하는 동안 뇌 표면을 훼손하지 않는 것이었다.

종양을 다 파내자, 파낸 자리를 따라 좌우 전두엽이 덜렁거렸다. 하지만 몇 달에 걸쳐 원래대로 다시 봉긋하게 채워질 것이었다. 시간이 걸리기야 하겠지만 말이다. 윌리엄은 우리 병원에서 나갈 때도 〈스타트렉〉에 등장하는 스폭spock 같은 윌리엄의 외모에서 눈에 띄는 변화는 보이지 않았다. 여전히 감정 없이 움직였다는 말이다. 하지만 수술 후 2주가 지나 첫 외래를 왔을 때 그는 처음으로 히죽거리는 모습을 보여주었다. 몇 달이 지나자 그는 직장을 얻고 차와 아파트를 구했다. 프로듀서라는 원래의 자리로 되돌아갈 수는 없었지만, 한때 아버지를 마약 중독자라고 여겼던 두 자녀와도 다시 연락하기 시작했다.

윌리엄의 사례를 생각하면 나는 우리가 뇌라는 섬세한 구조물에 얼마나 의존하고 있는지를 깨닫게 된다. 뇌는 주기도 하고 거둬 가기도 한다. 우리는 가장 진화된 능력, 다시 말해 창의력이나 지력을 우리를 규정하는 무언가, 우리를 개별 인간으로 존재하게 하는 무언가로 생각하곤 한다. 우리는 누군가 창의력을 '가지고' 있다고 말하지 않는다. '창의적이다'라고 말한다. 하지만 좌우 전두엽 사이에서 종양 하나가 자라면 (놀랍게도!) 이 위대한 선물이 단지 빌려온 것일 뿐임을 우리는 알게 된다. 한쪽 전두엽이 방해를 받는다고 해도 기능적으로 큰 문제는 없다. 하지만 양쪽 전두엽이 동시에 움직여야만 우리의 최상위 인지 기능, 즉 창의력이 발휘될 수 있다.

윌리엄의 이야기는 창의력의 본질에 관해 우리에게 무엇을 알려주는가? 윌리엄의 좌우 전두엽을 압박하던 종양은 어떻게 그로 하여금 자기 자신을 잃게 한 걸까? 창의력의 불꽃은 과연 어디에서부터 시작되는 걸까?

🧠 뇌, 딱 걸렸어

좌뇌형 인간과 우뇌형 인간에 관한 신화

뇌가 하는 역할에 관한 말도 안 되는 신화 하나는 '좌뇌형 인간'과 '우뇌형 인간'에 관한 것이다. 이 신화는 1973년 《뉴욕 타임스》가 노벨상 수상자인 로저 W. 스페리Roger W. Sperry의 연구에 관한 기사를 게재하면서 시작되었다. "우리는 모두 좌뇌형 혹은 우뇌형 인간이다"라고 주장하는 기사였다. 내 추측에 이 이야기는 아마도 뇌의 우측은 창의력, 혹은 예술성을 관장하고 좌측은 논리적이고 분석적인 능력을 관장하며, 우리는 모두 이 중 어떤 한 측면이 우세하다는 식으로 전개되었을 것이다.

무척이나 멋지게 들리는 말이다. 그래서인지 이 개념은 그 즉시 널리 퍼졌다. 하지만 수십 년간의 연구 끝에 이 가설은 뒤집혔다. 진실은 이러하다. 좌반구의 부위들이 계산과 같은 수학적 능력과 깊은 관계가 있는 것은 맞지만 우뇌형 인간이 더욱 '창의적'이고, 좌뇌형 인간이 더욱 '논리적'이라는 생각은 진실이 아니다. 이 가설은 2013년 유타대학교의 연구진들이 발표한 연구로 완전히 사장되었다.[1] 이들은 7세에서 29세 사이 1,000명 이상의 사람들의 뇌 MRI 영상을 검토하여, 어떤 사람들은 좌뇌를 더 많이 쓰고 또 어떤 사람들은 우뇌를 더 많이 쓴다는 증거가 있는지 찾아보았다. 그들의 결론은 "좌뇌형 혹은 우뇌형 네트워크의 강점을 지닌 뇌에 관한 데이터는 없다"였다. 수학 천재나 컴퓨터 프로그래머, 화가, 시인 모두 양쪽 뇌를 동등하게 사용했다는 의미다.

창의력의 불꽃은 뇌 전체에서 일어난다

전두엽이 창의력에 필수적인 부위임에는 의문의 여지가 없다. 전두엽은 우리에게 조직 능력과 동기를 부여하며, 인간이 아닌 동물들은 가늠할 수 없는 방식으로 의도를 지닐 수 있게 한다. 하지만 이런 일들을 전두엽 혼자만 하는 건 아니다.

작디작은 소뇌를 생각해 보자. 대뇌 뒤쪽 아래에 있는 이 뇌세포 다발은 고목에 붙은 버섯처럼 뇌간에서 튀어나와 있다. 내가 의과대학에 다닐 때는 이 소뇌가 근육의 미세한 움직임을 조정하는 임무만 띠고 있다고 배웠다. 하지만 최근 몇 년 동안 이루어진 새로운 연구들은 소뇌가 창의적인 문제 해결과 직접적으로 연관된 활동들을 많이 한다는 사실을 밝혀내고 있다. 지금 우리는 소뇌가 근육을 미세하게 조정하는 일뿐만 아니라 창의적 사고 역시 조율한다고 믿고 있다.

창의력이 일어나는 데는 뇌의 모든 조직이 관여한다. 함께 움직이고 서로 소통하고 조화를 이뤄야 한다는 말이다. 오케스트라가 협주곡을 연주하거나 축구팀이 축구를 하듯이 말이다. 창의력의 불꽃은 어떤 특정한 지점에서 발생하는 게 아니라 거대한 네트워크 속에서 모든 지점이 결합하면서 튀어 오른다.

신경과학자들은 어떻게 뇌의 각 부위가 서로 소통할 때를 알까? 우리는 fMRI(기능적 자기공명영상)라는 것으로 이를 엿볼 수 있다. fMRI는 뇌의 움직임을 평면적인 사진이 아니라 3D 영화처럼 보여준다. 뇌의 특정 지점으로 흘러 들어가는 혈류량을 통해 뇌의 어떤 부분이 더 활성화되고 비활성화되는지를 보여주는 것이다.(그렇다. 뇌세포들은 일을 열심히 할 때 더 많은 피를 사용한다. 달릴 때 근육세포들이 더 많이 사용되는 것처럼 말이다.) 복잡한 컴퓨터 프로그램의 도움을 받아 우리는 이쪽 뉴런 속에서 일어나는 활동이 저쪽 뉴런 속에서 일어나는 활동과 어떻게 조율되고 있는지를 계산할 수 있다. 이 프로그램들은 수만 개의 뉴런이 동시에 활동하고 있는 모습을 우리에게 보여준다. 그 모습은 마치 뒤뜰에서 반딧불이들이 서로 조화를 이루어 깜빡거리는 것처럼 보일 때도 있고, 모두 임의로 깜빡이는 와중에 몇몇 반딧불이가 조화를 이루지 못하고 튀는 듯한 모습일 때도 있다. 창의력이란, 뇌세포들이 조화롭게 불꽃을 튀겨야 하는 일이다.

우리 모두의 뇌 깊숙한 곳에는 창의력의 우물이 자리하고 있다. 누군가 손을 뻗어 길어 올려주기를 기다리는 우물이 말이다. 놀라운 사실 하나는 알츠하이머병Alzheimer's disease 환자들 일부는 병으로 인한 기억력 저하와 감정의 혼란이 일어남과 동시에 예술적 역량을 새로 발견해 키워나가기도 한다는 것이다. '숨겨져 있던' 예술적 재능이 점차 새어 나오면서 그림 그리는 능력이 극적으로 크게 발현되는 경우는 실제로 무척 자주 일어난다. 의학적 자료로도 가치가 있는 훌륭한 다큐멘터리 〈나는 그림을 그릴 때 더 잘 기억한다I Remember Better When I Paint〉에 이 사례들이 나온다.[2] 일부 서번트증후군savant syndrome 환자들이 특출난 음악 혹은 수학적 자질을 보이는 것도 비슷한 예다. 또 다른 경우로 차 사고를 당한 이후에 예술성에 불이 지펴진 사람도 있다. 이런 극단적인 사례들은 창조적인 잠재력이 우리 모두의 안에 숨어 있음을 암시한다.

그렇다면 그 잠재력을 어떻게 깨울 것인가? 창의적인 통찰력을 키우는 나만의 핵심 열쇠를 여러분께 소개한다.

창의력을 찾는 나만의 방법

프랜시스 해리 컴프턴 크릭Francis Harry Compton Crick은 DNA 구조를 밝힌 공로로 노벨상을 받은 4인방 중 한 사람으로, 은퇴한 뒤 샌디에이고로 가서 중대하지만 아직 해결되지 않은 과학적 문제를 탐구하고 있다. 바로 인간 의식의 기원에 관한 문제이다. 언젠가 나는 캘리포니아주 라호야La Jolla에서 그를 만날 기회가 있었다. 대양을 굽어보는 아름다운 고원으로 유명한 남부 캘리포니아 가장 끝, 북서쪽 샌디에이고 카운티의 주거 지역인 라호야는 한때 무척이나 조용한 마을이었다. 라호야의 절벽에는 유명 의학 연구 기관 네 곳이 자리 잡고 있다. 솔크Salk, 스크립스Scripps, 샌퍼드-버넘Sanford-Burnham, UC샌디에이고이다. 인구수 대비 신경과학자가 세계에서 가장 많은 이 마을은 내가 박사 학위 연구를 수행하고 학위 논문을 받은 곳이기도 하다.

크릭과의 짧은 대화에서 잊을 수 없는 말이 하나 있다. "공붓벌레들은 좋은 기술자가 될 뿐이다. 과학자들은 창의력이 있어야만 한다." 10년이 지나면서 이 말은 점점 내 마음에 와닿고 있다.

지금 나는 시티 오브 호프에서 연구실을 운영하고 있다. 내 일에서 가장 어려운 부분은 뇌가 어떻게 작동하는가, 그리고 암이 뇌가 하는 일을 어떻게 좀먹는가에 관한 독창적인 아이디어를 도출하는 것이다. 대자연이 하는 일에 대해 새로운 해석을 하기란 쉬운 일이 아니다. 데이터마이닝data mining(많은 데이터 가운데 숨겨져 있는 유용한 상관관계를 발견하여, 미래에 실행 가능한 정보를 추출해 내고 의사 결정에 이용하는 과정-옮긴이)이나 크라우드소싱crowd sourcing(인터넷을 통해 아이디어를 얻고 이를 기업 활동에 활용하는 방식-옮긴이)에 의존해 신선한 아이디어를 얻을 수도 없다. 하지만 이 도전은 무척이나 짜릿하다. 어떤 개념이 사실인지 아닌지를 한 연구자가 성실하게 탐색해 영리한 아이디어 하나로 보여주면서 십수 명의 과학자들로 이루어진 팀을 넘어설 수도 있기 때문이다.

연구하면서 새로운 아이디어를 찾을 때 나는 수술 계획을 세울 때와 비슷한 방법을 사용한다. 특히나 어려운 수술을 하기 전날 밤이면, 나는 잠들기 직전에 환자의 뇌와 종양의 이미지를 하나하나 복기해 본다. 그러고 나서 잠이 들면 잠결에 그 종양을 이리저리 돌려 보고, 내가 발을 디뎌서는 안 될 주변 위험 지역들을 살펴보게 된다. 그리고 다음 날 아침에 잠에서 깨어나면서, 다시 한번 몇 분 동안 그 모양과 위치를 다시 찾아가 본다. 이 간단한 연습은 내가 파내고 긁어내야 하는 종양이 자리한 공간을 내 마음속에 깊이 새겨준다.

한편 한창 연구 중일 때는 매주 이틀 밤 정도, 잠들기 전에 그때 붙들고 있는 실험과 관련된 기사들을 읽어본다. 직접적이든 간접적이든 관련된 기사는 모두 다 읽는다. 이런 방식으로 다른 사람들의 작업을 머릿속에 담으면 이미 알고 있는 사실들과 우리 연구실에서 밝혀낸 급진적인 사실들 사이에 연결 고리를 만들 수 있다.

이런 반半수면, 반각성 상태가 나 같은 과학자들에게만 생산적인 것은 아니다. 살바도르 달리Salvador Dali는 『마법 같은 솜씨의 50가지 비결Fifty Secrets of Magic Craftsmanship』에서 이렇게 썼다. "우리는 '잠이 들지 않은 상태의 잠'의 문제를 풀어야만 한다. 이 상태에서 꿈의 변증법이 발생한다. 이는 각성 상태와 잠 사이에 놓인, 보이지 않는 팽팽한 선 위를 평형을 유지하며 걷는 것과 같은 수면 상태이다."[3] (달리는 꿈과 꿈에서 깨어나는 중간 상태, 즉 반각성, 반수면 상태의 낮잠을 즐겼는데, 이 상태에서 깨어남으로 이행하는 순간에 초현실적 이미지들을 떠올렸다고 한다. 『이상한 나라의 앨리스』를 지은 루이스 캐럴Lewis Carrol 역시 이런 반수면 상태를 이용해 무의식 세계에서 일어나는 초현실적인 이미지들을 떠올렸

다고 알려져 있다-옮긴이)

우리가 꿈을 꿀 때 달리가 말하는 이런 창의력이 정말로 깨어난다면, 이는 잠이 드는 순간('입면' 상태)과 잠에서 깨어나는 순간('출면' 상태)에 창조성과 관련된 무의식의 문이 잠시 열리는 것으로 볼 수 있을 터다.

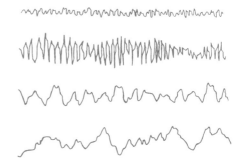

베타
각성, 정신이 초롱초롱한 상태

알파
각성, 휴식 상태

세타
가벼운 수면, 꿈을 꾸는 상태

델타
깊은 수면, 꿈을 꾸지 않는 상태

수면과 각성의 중간 상태는 실제로 EEG(뇌파도)로 추적할 수 있다. EEG 검사를 하면, 이 중간 상태 구간에서는 각성 상태에서 휴식 중인 '알파' 파형alpha waves과 수면 상태인 '세타' 파형theta waves 두 가지가 모두 나타난다. 우리가 알고 있는 한 알파 파형과 세타 파형이 겹쳐지는 때는 이 순간이 유일하다. 잠에서 깨어나는 순간에 집중하면 우리의 무의식에 내재한 창조성의 열쇠를 손에 쥘 수 있다.

창의력을 끌어올릴 다른 방법들도 물론 많다. 아직 손도 대보지 못한 우리 안의 잠재력을 끌어낼 몇 가지 길을 소개한다.

1. 딴생각을 하라

음악, 생물학, 천문학, 문학, 기술의 위대한 진보는 통설을 뒤집으면서 시작됐다. 할 수 없고, 혹은 해서도 안 된다고 전문가들이 말했던 일을 기어이 하면서 말이다. 규칙을 철저히 따르는 사람들은 모범 운전자와도 같다. 이들은 철저히 자기 차선만 지키며 간다. 하지만 여기에는 어두운 측면이 있는데, 임의성에 잘 대응하지 못하거나 진정한 창의력이 생겨나는 뜻밖의 연결고리를 발견하기 어려워진다는 점이다.

알다시피 뇌는 컴퓨터가 아니다. 뇌는 살아 있으며, 정돈된 서류 캐비닛이라기보다는 잡초가 무성하게 자라는 정원 쪽에 훨씬 가깝기에 종종 딴생각을 하면서 생각, 기억, 감정, 욕망으로 가득한 정원을 거니는 것이 좋다. 그래야 내면의 창의적인 자아를 발견할 수 있다.

딴생각은 창의력을 강화하는 일과 직접 관련이 있다. MRI 검사를 해 보면, 딴생각을 많이 할수록 멀리 떨어진 뇌 영역들 사이에 연결 부위들이 더욱더 많아짐을 알 수 있다. 조지아 공과대학Georgia Institute of Technology의 에릭 슈마허Eric Schumacher의 최근 연구에 따르면 몽상은 창조적인 상태일 뿐만 아니라 평소보다 더 영리한 상태처럼 보이기까지 한다. "우리는 딴생각을 나쁘게 생각하곤 한다"라고 그는 지적한다. "우리의 연구에서 나는 멍하니 있는 '교수님'을 떠올렸다. 영리한 사람이 자기 세계에서 벗어나 있는, 자기가 자리한 환경을 완전히 잊고 있는 모습 말이다."[4]

수업 시간에 선생님에게서 시선을 떼라거나, 직장에서 멍하니 허공을 바라보고 있으라고 말하는 게 아니다. 지식 기반을 세우기 위해서는 충분히 오랫동안 집중하는 기간이 필요하다는 점은 기억하자. 창의력을 키우려면 집중과 멍한 상태, 즉 대상에 대한 완벽한 숙지와 딴길로 새는 행동 사이에 균형이 필요하다는 얘기다. 찰스 다윈Charles Darwin은 누구보다도 생물학과 식물학에 깊이 빠져 공부했고, 그리하여 생각을 진화론으로 이끌 수 있었다. 이전에는 상상조차 못 했던 것을 발견하려면 지식에 매진하는 게 먼저다.

2. 놀이하듯 하라

창의력을 발휘하는 것이란 '놀이'의 성인 버전이라고 할 수 있다. 어린 시절에 했던 놀이가 성인이 된 뒤의 창의력에 영향을 미친다는 사실은 놀라울 것도 없다. 엔지니어, 건축가, 과학자 모두에게 있어 어린 시절에 즐겼던 자유로운 놀이(특히 누군가의 흉내를 내는 가장假裝 놀이)를 하고 자란 경험은 훗날의 창의력에 대단한 이점이 되는 것으로 알려져 있다. 케이스웨스턴리저브대학교의 심리학자 샌드라 러스Sandra Russ는 20여 년간 아동기의 놀이와 성인의 창의력 사이의 상관관계를 연구했다. 러스에 따르면, 아이들은 놀이를 통해 감정을 처리하고 인지 과정을 발달시키는 방법을 배우며 문제 해결 능력을 기른다. 그녀는 자녀들로 하여금 평범한 상자, 펜, 가구 등을 가지고 놀게 하라고 부모들에게 조언한다. 놀이는 아이들이 성인이 되었을 때 창조적인 방식으로 사용할 수 있는 삶의 기술이 된다는 것이다.[5]

러스가 생각하는 놀이에 유소년 축구팀 활동은 포함되지 않는다. 체조 수업, 체스 클럽, 부모들끼리 잡은 아이들의 놀이 약속들은 모든 것이 갖추어져 체계적이고 조직적이다. 이런 활동들이 아이들 스스로 상상력을 펼치며 자유롭게 할 수 있는 놀이를 대체하고 있다. 품행이 바른 아이, 완벽하게 사회화된 '로봇'을 길러내려는 생각은 위험하지 않을까? 이에 대해 확실하게 답할 수 있는 사람은 없지만, 오늘날의 고도로 체계적인 양육 방식이 21세기 이전에 아이들을 키우던 일반적인 양육 방식은 아니라는 점만은 분명하다.

나는 오늘날의 많은 초등학생이 거쳐야 하는 수많은 시험과 시험 공부를 위한 교재를 신뢰하지 않는다. 황당하게도 어떤 학교에서는 쉬는 시간을 아예 없애버리기까지 하고 있다. 그 반대 노선을 취하는 곳도 있기는 하다. 어떤 초등학교는 쉬는 시간을 늘리고 숙제를 모두 없앴다.

아이들의 손에서 휴대전화나 태블릿 PC를 빼앗으라거나, 발레 수업을 취소하라는 말이 아니다. 내가 아는 바로는, 유년 시절의 자유로운 놀이는 성인이 된 뒤 창의력의 기반이 된다는 것이다. 그래서 나는 세 아들들에게 탐구하고, 발명하고, 스스로 무언가를 만들어갈 별도의 공간을 주려고 애쓰고 있다. 거기에 다소의 위험이 있다고 해도 말이다. 영국의 학교들은 '위험 속에서의 교육bringing in risk' 방식을 채택하기 시작했는데, 의도적으로 놀이터와 교실에서 교사나 부모의 관리 아래 아이들이 톱이나 가위, 오래된 나뭇조각, 심지어 불 등을 가지고 놀게 하는 것이다. 약간의 모험을 할 수 있는 기회는 아이들이 다양한 시각을 갖춘 성인으로 자라게하는 묘약이다.

최근 런던으로 가족 휴가를 갔을 때 우리 부부는 열세 살 난 아들 녀석에게 지하철로 목적지까지 가는 길을 안내할 책임을 맡겼다. 아이는 타고 갈 지하철 노선은 제대로 골랐지만, 반대 방향 열차를 탔다. 우리는 아이가 그 사실을 깨달을 때까지 내버려 두었고, 마침내 아이는 그 사실을 깨달았다. 실수를 저지를 수 있고, 그것이 배움의 과정임을 아는 것, 그 자신감이 창의력을 기르는 데에 있어 무엇보다 필요하다. 실패에 대한 공포는 많은 사람에게 자신을 표현할 대담함을 앗아간다.

3. 밖으로 나가라

공유 작업실이 즐비한 것으로 유명한 브루클린이나 베이 에어리어Bay Area 등지에서 유행하는 거리나 장소 들은 혁신의 인큐베이터로 유명하다. 하지만 자연만큼 창의력을 배양하기 좋은 공간이 또 있을까?

유타대학교의 심리학자인 데이비드 스트레이어David Strayer는 30명의 남성과 26명의 여성을 대상으로 간단한 실험을 했다. 백패킹과 창의력에 관한 실험이다. 참가자들을 백패킹을 하고 온 그룹과 하지 않은 그룹으로 나누어 창의력 테스트를 해보았다. 결과는 어땠을까? '야생에서의 노숙 체험'을 한 뒤에 테스트를 받은 사람들이 체험 전에 테스트를 한 사람들보다 창의력 지수가 50점 이상 높았다.[6]

자연은 우리의 힘을 북돋우는 영약이자 영감의 원천이다. 하지만 현재 미국 아동들의 실태를 보자. 야외 활동이나 운동을 하루에 30분도 하지 않는다. 오히려 하루에 거의 8시간을 텔레비전을 보거나 휴대전화를 들여다보면서 보낸다. 그런 한편 지난 30년간 국립공원이나 숲으로 여행을 가는 사람들의 수는 평균 25퍼센트나 하락했다.[7]

그렇다고 창의력을 배양하기 위해 숲속에서 일주일 동안 야영을 할 필요는 없다. 집, 사무실, 학교 근처에서 30분 동안 걷는 것으로 충분하다. 아인슈타인은 매일 집에서 프린스턴대학교에 있는 자신의 연구실까지 2.4킬로미터 거리를 걸어 다녔다고 한다. 약간의 운동, 신선한 공기 한 모금, 계절감을 느끼는 것, 이 모든 것들이 뇌를 창의적으로 만들어주는 연료이다.

창의력에 불을 붙이기 위해 내가 추천하는 세 가지 방법은 모두 다 평범하다.

첫째, 일상적인 일들을 잠시 멈추고 더 많은 시간을 빈둥거려 보라. 둘째, 잠을 자고 몽상하고 놀고 걸어보라. 셋째, 일 말고 다른 뭔가를 해보라. 의과대학, 대학원, 신경외과 수련 기간을 겪어냈던 사람으로서 여러분에게 말하는 것이다. 하루 18시간 공부하는 동안 집중력이 필요하다는 걸 나는 확실히 알고 있다. 하지만 인간은 기계가 아니다. 그보다는 훨씬 나은 존재다.

5.

머리 좋아지는 약

"나는 약을 한다. 지금도"라고 말하겠다. 나는 정신을 활성화하는 약을 먹는다. 이 책을 쓰고 있는 순간조차 취해 있다.

사실 나는 심각한 커피 중독이다. 세상에서 가장 널리 사용되는 약물인 카페인에 정말 감사하다. 지금도 나는 에스프레소를 한입에 털어넣기 직전이다. 1월의 일요일 오후 2시 언저리, 나는 글을 쓰는 데 집중하려 애쓰고 있다. 페일에일도 이미 한 병 비운 상태다.

알코올 역시 광범위하게 사용되는 또 다른 마약이다. 내게 알코올은 창의적인 글을 쓸 때 이따금 영향을 발휘한다. 커피 한 잔을 마시고 난 뒤의 맥주 한 병. 더도 덜도 말고 딱 한 병이다. 여기에다 내 스포티파이Sportify(전 세계적으로 유명한 음악 스트리밍 서비스-옮긴이) 음악 플레이리스트까지 더해지면 금상첨화이다. 첫 번째 주자는 시아Sia이고, 그다음은 너바나Nirvana이다. 그 뒤로는 리애나Rihanna나 린킨 파크Linkin Park일 때도 있다.

재미있게도 나는 다른 때에는 술이나 커피를 거의 마시지 않는다.

아침에 출근 전에도, 누군가의 머리를 열어야 하는 날에도 마시지 않는다. 누군가의 두개골을 여는 일 때문에 커피를 마시지는 않아도 된다. 수술을 떠올리는 것만으로 각성이 되지 않고 커피를 마셔야만 한다면 그날은 수술해서는 안 된다. 게다가 수술할 때는 에너지가 너무 적어도 문제지만 너무 넘쳐도 리듬이 흐트러져서 좋지 않다.

하지만 수술을 앞둔 게 아니라 컴퓨터 앞에 앉아서 빈 문서를 응시하고 있다면?

내게 있어 이 일에는 무장이 필요하다. 제발, 에스프레소 한 잔과 에일 한 잔이 간절하다. 술은 내 전두엽에서 글자들을 하나씩 봉인 해제시켜 이야기를 만들어내게 한다. 그리고 카페인은 내 뇌량을 걷어차 세부 내용을 써 내려가도록 도와준다. 그러고 나면 딱 90분간 집중해서 글을 쓰게 된다. 18시간 동안 쉬지 않고 수술한 뒤라도 말이다.

이 현상을 감히 설명하지는 못하겠다. 이런 경험을 할 때 조금은 나 자신이 낯선 존재로 느껴지기까지 한다. 이런 말을 하는 이유는 우리 대부분이 한두 가지 종류의 정신 활성화 물질들을 사용하고 있기 때문이다. 주민의 60퍼센트가 모르몬교도인 유타주에서조차(모르몬교에서는 술, 담배, 커피, 차(!)까지 금지하고 있다) 처방 약물 남용 문제는 심각하다.

동물은 지구가 유아기였던 시절부터 식물과 함께 진화해 왔다. 우리는 식물이 내뱉은 숨(산소)을 들이마시며, 동시에 우리가 내뱉은 이산화탄소는 식물들이 들이마신다. 양귀비에서 추출한 오피오이드opioid와 담배에서 추출한 니코틴nicotine은 우리 뇌에 있는 각각의 수용체를 통해 보상과 기쁨, 운동, 경고 메시지를 내보내고 받아들인다. 마리화나도 마찬가지인데, 마리화나는 우리 뇌에 존재하는 엔도카나비노이드endocannabinoid가 결합하는 카나비노이드 수용체를 통해 고통, 식욕, 기억, 기분을 조절한다.

한편 오늘날 사람들의 입에 자주 오르내리는 약물은 기억력과 집중력을 강화해 준다는 소위 '머리 좋아지는 약'이다. 이런 머리 좋아지는 약들은 애초에 주의력결핍 과잉행동장애attention deficit /hyperactivity disorder(이하 ADHD)나 수면 장애를 치료하기 위해 만들어진 처방 약물이다. 최근 과학 잡지 《네이처Nature》가 시행한 온라인 조사에 따르면 5명 중 1명이 집중력이나 기억력을 높이기 위해 약물을 사용해 봤다고 응답했다.[1] 전 세계의 수만 명을 대상으로 한 또 다른 연구에서는 2017년 한 해 동안 간헐적으로 리탈린Ritalin 같은 중추신경 자극제를 먹어본 적 있다고 답한 사람이 14퍼센트에 달했다.(2015년에는 그 비율이 5퍼센트였다.[2])

'머리 좋아지는 약'에 관한 대화에서 흔히 간과되는 내용은 나이와 유전적 요인에 따라서 섭취량을 조절해야 한다는 사실이다. 자연에서 난 것이 죄다 좋은 것도 아니고 화학 합성 약물이 죄다 나쁜 것도 아니다. 관심을 기울여야 할 점은, 좋은 약도 있고 말도 안 되는 약도 있다는 것이다.

뭐가 뭔지 확인할 수 있도록 몇 가지 조언을 드리겠다.

술

미 질병통제예방센터CDC,Centers for Disease Control and Prevention에 따르면, 매년 미국에서 술로 인해 죽는 사람은 대략 8만 8,000명에 달한다.[3] 세계적으로는 매년 330만 명이 술로 인해 죽는데, 이는 전 세계 사망자 수의 6퍼센트 정도이다. 죽지 않았다고 해도 현재 1,500만 명의 미국 성인과 62만 3,000명의 청소년이 의사로부터 알코올 사용 장애(알코올 중독) 진단alcohol use disorder을 받고 있다. 알코올 사용 장애란, 술 때문에 사회적, 직업적, 건강상의 문제를 겪고 있음에도 술을 그만 마시거나 통제할 수 없는, 재발 우려가 있는 만성 뇌 질환이다.

필름이 끊길 정도로 마셔대는 과도한 음주 말고, 만성적인 과음이 더 심각한 결과를 초래할 수 있다. 베르니케뇌병변Wernicke's encephalopathy(정신 착란, 시신경 마비, 근육 협응성 문제 등)이나 코르사코프정신병Korsakoff's psychosis(베르니케 질환의 온갖 증상에 더해 평생 지속적인 학습 및 기억 문제로 인한 기능 장애) 같은 심각한 뇌 기능 장애를 일으킬 수 있기 때문이다.

그렇다, 지나친 음주는 분명히 나쁘다.

이쯤에서 궁금한 점이 생긴다. 그럼 어느 정도는 괜찮다는 것인가? 적당량이란 과연 어느 정도인가? 연구 결과에 따르면 남성의 경우 하루 두 잔 이하, 여성의 경우 하루 한 잔 이하다(나라마다 조금씩 다르지만 대개 알코올 양으로 약 15밀리리터-옮긴이). 하버드대학교 보건대학원에 따르면 적당한 음주는 심장 질환, 뇌졸중, 당뇨병, 사망률을 약간 낮춰 준다.[4] 2012년 일리노이대학교의 심리학자 제니퍼 와일리

Jennifer Wiley의 연구에 따르면, 소량의 음주는 수수께끼를 풀 때 창의적인 해답을 찾는 능력을 향상시켰다. 특히 새로운 시각으로 문제를 볼 수 있었다는 결과가 나왔다.[5] 이런 이점은 특정한 종류의 술에만 해당하는 것은 아니다. 레드와인이 다른 술에 비해 유달리 이점이 있다는 사실이 증명된 바가 없다는 말이다. 레드와인에 함유된 항산화 물질인 레스베라트롤resveratrol이 없더라도, 알코올이 우리에게 어느 정도 이롭게 작용한다는 점은 여러 과학적 임상시험에서 나타나고 있다.

적당한 음주를 정당화하는 꽤 좋은 증거가 아닐 수 없다. 그러나 의심할 바 없는 사실은 과도한 음주는 우리의 뇌와 일상을 그 어떤 다른 행위보다 더 심각하게 파괴한다는 것이다. 이런 이유에서 술은 결코 좋은 약물이라고 할 수 없다.

카페인

커피, 차, 탄산음료, 에너지 음료에서 발견되는 카페인은 세계에서 가장 널리 사용되는 정신 활성화 약물이다. 미국의 성인 약 85퍼센트가 어떤 종류든 카페인이 첨가된 음료를 마시고 있다.[6] 중추신경계를 자극하는 이 물질은 피로감을 줄이고 졸음을 쫓아주며, 기분과 집중력을 강화하고 신체 협응성을 올려준다. 따라서 많은 운동선수, 특히 끈기를 필요로 하는 분야의 선수들은 경기하는 동안 규칙적으로 카페인을 섭취해 효과를 본다.

하지만 학습과 기억력에 관한 카페인의 효과는 불분명하며, 오히려 직접적인 이득은 없다는 연구 결과가 많다. 과학적 증거로 보면, 결론적으로 카페인은 적게 섭취하면 아무 도움이 되지 않으며 너무 많이 섭취하면 해가 된다. 하지만 카페인을 섭취하고 나면 기분이 나아지고 각성한 느낌이 드는 게 사실이기 때문에 많은 사람이 이것을 일종의 두뇌 활성제로 생각하곤 한다. 2015년에 발표된 한 연구는 이 패러독스를 살펴보고 있다. 대학생 참가자들을 대상으로, 한 집단은 '5시간 에너지'라는 에너지드링크를 마시게 하고, 다른 집단은 그것과 형태와 맛이 비슷한 디카페인 드링크를 마시게 했다. 놀랍게도 모든 참가자의 90퍼센트가 단기적, 장기적 인지 기능을 평가하는 시험을 더 잘 봤다고 '생각'했다. 진실은 이러하다. 카페인이 함유된 음료를 마신 사람들은 가짜 카페인 드링크를 마신 사람들보다 시험 성적이 우수하지 않았다.[7]

하지만 2016년에 이루어진 연구는 다른 이야기를 한다. 실험에 참여한 43명 중 일부는 카페인이 함유된 커피를 마시고, 나머지는 디카페인 커피를 마시고 나서 기억력 및 실행 계획과 관련된 시험을 치렀다. 할당된 과제에 관한 수행 능력을 검토한 끝에 연구자들은 "계획, 창의적 사고, 기억력과 관련해 수행 능력이 유의미한 수준으로 향상되었다"라고 결론을 내렸다.[8] 나는 이 결과가 마음에 든다. 카페인을 '머리 좋아지는 약'이라고 부르고 싶다!

🧠 두뇌 운동

똑똑하게 카페인을 섭취하는 방법
카페인을 적당히 섭취하면 적당한 긴장감이 생기고 주의력이 높아지지만, 초조감과 불면증 같은 약간의 부작용도 발생한다. 신진대사와 배출 작용은 사람마다 다르기 때문에 미 국방성 생명공학 고성능 컴퓨팅 소프트웨어 응용프로그램연구소BHSAI,Department of Defense's Biotechnology High Performance Computing Software Applications Institute의 자크 리프먼Jaque Reifman은 이를 측정할 알고리즘을 개발했다. 리프먼의 연구에서 이 알고리즘을 따라 한 사람들은 평소와 같은 양의 카페인을 섭취했음에도 각성 수준이 64퍼센트까지 올라갔다. 또한 평소 마시던 카페인 양의 65퍼센트까지 줄여도 그전과 같은 수준의 각성 수준을 유지했다. 여러분의 카페인 섭취량을 테스트해 보고 싶다면, 그가 만든 '카페인 추적자Caffein Tracker'라는 애플리케이션으로 여러분의 수면 스케줄과 카페인 섭취량을 기록해 보라.

건강 보조제

일명 '뇌 해커brain hackers'라고 자칭하는 사람들은 '머리를 좋아지게' 한다는 온갖 종류의 자연 물질을 섭취한다. 하지만 아니라세템 aniracetam, 아슈와간다ashwagandha, 바코파 몬니에리Bacopa monnieri, 카르니틴carnitine, 후퍼진 Ahuperzine A, 오메가-3omega-3 등 인지 능력에 도움을 준다는 건강 보조제들에 관한 확실한 의학적 증거는 없다. 제조업체들이 임상시험으로 그 효능을 입증할 수 있었다면 그 시험 결과를 미 식품의약국Food and Drug Administration(이하 FDA)에 보내 처방 약물로 승인을 받고 수십억 달러의 이윤을 남겼을 것이다. 하지만 그러는 대신 이들은 건강 보조제에 관한 특별 법안 아래로 기어들어 가는 것을 택했다. 안전성이나 효능에 관한 증거를 제시할 필요가 없으며, 수백만 달러의 이윤을 챙길 수 있기 때문이다.

《컨슈머 리포트Consumer Reports》,《미 의사협회저널Journal of the American Medical Association》를 비롯한 각종 연구지들에 실리는 연구들이 지속적으로 지적하고 있는 사실은, 건강 보조제 업체들이 그 약들의 성분표나 성분 함량을 표시하지 않는 경우가 많다는 점이다.[10] 이런 약 중 많은 것들이 심장 마비, 고혈압, 체중 증가(혹은 감소), 구강 건조증, 과민성 장 질환, 신트림, 코피, 입 냄새 등 위험하거나 좋지 않은 부작용을 일으킬 확률이 높다.

예를 들어 바코파 몬니에리는 인도 고대 의학서인 『아유르베다Ayurveda』에 나오는 전통적인 약초로, 간질, 천식, 궤양, 종양, 나병, 빈혈, 비장(지라)비대증, 위장염, 기타 질환에 효험이 있다고 알려져 있다. 그런데 수컷 쥐를 대상으로 시행된 연구에서는 이 약초가 정자를 감소시키고 생식 능력을 약화시킨다는 결과가 있다.[11] 이 약초가 기억력을 높인다는 주장은 끊임없이 제기되었지만, 이를 입증하는 연구 결과는 아직 없다.

이 책은 건강 보조제의 기이한 세계를 꼼꼼하게 설명하는 책은 아니지만, 위험성으로 인해 사용이 금지된 한 건강 보조제에 관한 이야기는 하고 넘어가야겠다. 에페드라Ephedra(마황)라는 약이 있는데, 중국에서 전통적으로 수 세기 동안 사용된 이 약초는 체중 감량을 돕고 집중력을 높이는 순한 자극제로 1990년대에 엄청난 인기를 끌었다. 대학 시절에 내가 알던 많은 사람이 이 약을 먹고 학습에 도움을 받았다. 나 역시 엄청나게 오랜 시간 시험을 볼 때 몇 차례 사용해 본 적이 있다. 확실히 집중하는 시간을 늘려주는 것 같은 기분이 들긴 했다. 그 당시에는 주유소, 편의점 등에서 살 수 있었다. 어디에서든 구할 수 있었다는 말이다. 그러다가 몇몇 운동선수들이 에페드라를 먹고 급사하는 사건이 일어났다. 이 약은 혈압과 심박수를 높이고, 심장 마비를 유발할 위험이 컸던 것이다. 에페드라는 다른 유사 암페타민amphetamine(중추 신경과 교감 신경을 흥분시키는 작용을 하는 각성제-옮긴이) 물질들이 내는 온갖 부작용을 냈다. 미 국립독극물자료시스템National Poison Data System에 보고된 에페드라 부작용 사례는 2002년 1만 326건으로 정점을 찍었으며, 같은 해 병원 입원이 필요할 만큼의 증상을 보인 사례도 108건이나 되었다. 마침내 2004년에 FDA는 이 약을 금지했다.

마리화나

내가 이 책을 쓰고 있는 동안 미국의 아홉 개 주가 의약 외적으로 마리화나 사용을 합법화했다. 미국에서는 절반 이상의 주에서 마리화나가 의약용만 합법화되어 있다. 의약품으로 쓰이는 마리화나 혹은 마리화나 성분이 함유된 약물은 일부 사람들에게는 통증, 메스꺼움, 구토, 간질성 의식 저하, 외상 후 스트레스 장애 등에 효과가 있다고 알려져 있다. 수면무호흡증에도 효과가 있다고 한다.

1960년대로 돌아가 보면, 히피, 교수, 배우, 음악인, 작가, 비트 세대 시인들, 파티광 들 사이에서 마리화나가 창조적 영감을 준다는 설이 있었다. 하지만 마리화나는 그때나 지금이나 마리화나 지지자들조차 숨기고 싶어 하는 걱정할 만한 부작용들이 있다. 이를테면 차량 충돌 사고가 있다. 미국의 교통사고에 관한 한 연구에 따르면, 차량 충돌 사고는 4월 20일에 12퍼센트 증가하는데, 그날은 '마리화나의 날'이다.[12] ('420'이라는 숫자는 마리화나 소비에 관한 문화를 나타내는 속어로, 미국 마리화나 사용자들이 4월 20일을 마리화나 기념일로 여긴다거나, 오후 4시 20분에 마리화나를 피우는 일 등을 의미한다—옮긴이)

놀라울 것도 없는 현상이다. 마리화나에 취한 상태에서는 주의력이 감소하고, 작업 처리 능력이 떨어진다고 수많은 연구가 말하고 있기 때문이다. 마리화나가 기억 및 의사 결정 능력에 미치는 영향에 대한 연구는 많이 이루어져 있으며, 이 영향은 정기적으로 마리화나를 피우는 사람들에게서 나타난다.

또한 청소년기의 정기적인 마리화나 흡연은 지능지수를 낮추고, 장기적으로 사고력 저하를 일으킨다는 점을 보여주는 연구들도 있다.[13] 하지만 이에 관해서는 인과 관계가 잘못되었다고 지적하는 연구들도 존재한다. 그러니까 대마에 빠진 사람 중 원래부터 지능지수가 낮은 사람들이 있을 뿐이라는 말이다.[14]

고려해야 할 점은 마리화나 흡연과 심각한 정신 질환을 일으킬 위험성 사이에 연관 관계가 있다는 증거가 점점 많이 나타나고 있다는 사실이다. 청소년기에 마리화나를 피우는 일은 특히 위험하다. 2017년에 12학년 학생들을 조사한 결과에 따르면, 그해에 최소 한 번 이상 마리화나를 피운 학생은 약 37퍼센트였고, 매일 피우는 학생들도 5.9퍼센트나 되었다.[15] 1992년으로 돌아가 보면 매일 피우는 사람은 1.9퍼센트에 불과했다. 10대 시절 정기적으로 마리화나를 피울수록 그 부작용의 영향은 더욱 커지며, 조현병 발발 위험이 더욱 커진다.[16] 과흡연자들은 보통 사람보다 우울증에 빠질 확률도 훨씬 높으며, 우울증에 걸린 사람이 마리화나를 피우면 회복률이 낮아진다. 악순환에 빠지는 것이다.

마리화나는 과다 흡연으로 인한 사망을 일으킨 사례가 없는 드문 약물 중 하나이긴 하지만, 우리에게 창조적인 시각을 열어준다는 것 같은 믿음은 곤란하다. 마리화나를 '머리 좋아지는 약'이라고 부를 수는 없다.

니코틴

담배 흡연으로 인해 미국에서만 매년 거의 50만 명이 사망한다. 전체 사망자 수의 약 5분의 1 정도이다. 담배는 유독 물질이다. 암센터에서 일하고 있는 내가 이렇게 말하는데, 그 이상 무슨 말이 필요할까?

니코틴 그 자체는 뇌에 미치는 온갖 영향을 생각하면 매우 흥미로운 약물이다. 1966년에 미 국립보건원National Institutes of Health의 해럴드 칸Harold Kahn이 시행한 연구에서는 담배 흡연으로 인해 예상되는 여러 해로움이 드러났는데(암, 뇌졸중, 심장 질환, 폐 질환 그리고 사망률이 엄청나게 증가했다), 한편으로 무척이나 이상한 점 역시 발견됐다.[17] 흡연자들이 비흡연자들과 비교해 파킨슨병에 걸릴 확률이 세 배나 적은 것이었다. 후속 연구들에서는 흡연자들이 운동성 장애를 겪을 위험이 유의미한 수준으로 적다는 점이 확인됐다.

어째서일까? 다른 중독성 있는 수많은 약물과 마찬가지로 니코틴은 뇌의 도파민 수치를 증가시킨다. 도파민은 주의력과 보상 추구 행위를 촉진할 뿐만 아니라 수의 운동隨意運動(의지에 따라 신체 동작을 조정하는 운동-옮긴이)을 쉽게 해주는 신경전달물질이다.

스탠퍼드연구소Standford Research Institute의 퇴행성 신경 질환 프로그램Neurodegenerative Diseases Program의 감독을 맡은 신경과학자 마리카 퀴크Maryka Quik가 수행한 최근의 연구에서는 운동성 장애가 있는 동물에게 니코틴을 주입했을 때 운동 능력이 향상된다는 사실이 발견되었다.[18] 파킨슨병 환자에 관한 두 가지 연구는 이 효과가 인간에게도 적용되는지를 살펴보고 있다.

다른 연구는 니코틴이 주의력과 기억력을 증진해 알츠하이머병으로 이어지는 가벼운 인지 장애의 진행을 늦출 수 있음을 보여주었다. 또 다른 연구는 니코틴이 소량 함유된 패치가 ADHD를 앓는 사람들의 충동성을 낮추고 기억력을 개선해 준다는 사실을 밝혔다.[19]

과연 니코틴이 '머리 좋아지는 약'이 될 수 있을까? 니코틴 패치와 껌은 처방전 없이 구입할 수 있다. 그렇다면 우리가 니코틴이 소량 함유된 패치를 이용해도 될까? 테네시주 내슈빌에 있는 밴더빌트대학교 의과대학의 인지기능 약물센터the Center for Cognitive Medicine 센터장 폴 뉴하우스Paul Newhouse가 2012년《오늘의 신경학Neurology Today》에서 언급한 내용을 소개하겠다. "안전하고 합리적으로 보이기는 하지만 장기적인 의학적 영향력은 여전히 더 평가해 봐야 한다. 난 아직 조금 이르다고 본다. 발표된 자료들은 분명, 가벼운 인지 장애에는 이득이 될 가능성이 있는 것으로 나타난다. 그러나 후속 연구를 하는 것이 합리적으로 보인다. 나라면 환자에게 니코틴이 검증된 효과가 있다고 말하기에는 아직 충분치 않다고 말할 것이다."[20]

나는 이 책을 작업하는 몇 주 동안 니코틴 패치가 어떤 효과를 내는지 알아보려고 한번 붙여보았다. 가짜약과 비교하는 시도도 해봤다. 아내에게 지속 시간이 좀 짧은 패치나 평범한 밴드를 내가 볼 수 없는 어깨 뒤쪽에 붙여 달라고 부탁한 것이다.

내 등에 니코틴 패치를 붙였던 시간 동안 나는 분명히 그 효능을 느낄 수 있었다. 그건 커피 한 잔 정도의 효과였다. 머리가 맑아졌고, 글쓰기가 훨씬 쉬워졌다. 하지만 2시간 정도 지나면 사라지는 커피 효능과는 달리 더 오래 지속되었고 초조함도 느껴지지 않았다. 패치는 24시간 동안 지속된다고 쓰여 있었지만 내 경우 최소한 4시간 정도 수월하게 글을 쓸 수 있었다. 이걸 추천하겠느냐고? 글쎄, 말하기 어렵다. 의사에게 니코틴을 사용해도 되느냐고 묻는다면 생각도 하지 말라는 대답이 돌아올 것이다. 이 패치들은 제법 비싸지만 처방전 없이 살수 있기는 하다. 여러분이 '건강한 성인'이라면, 가끔 고려해 볼 만은하다.

처방용 각성제

최근 미 전역의 학생들을 대상으로 진행한 한 연구에서 고등학교 졸업반 학생 6퍼센트 이상이 학업에 도움을 받고자 그해 최소한 한 번은 처방용 각성제를 복용해 본 적이 있다고 응답했다.[21] 대학생의 경우 전체 10퍼센트 정도, 아이비리그 학생의 경우는 20퍼센트였다.[22] 이것은 영리하지 않은 방법이다. 학업 성취를 이유로 불법적으로 사용한 이런 각성제들은 심각한 부작용 혹은 중독을 유발하기 때문이다. 각성제를 복용하는 아동과 성인이 수백만 명에 달하는 것을 고려하면, 부작용 사례는 적지만 유의미한 수준이라고 할 정도는 되는 수치다.

ADHD를 앓는 아동과 성인에게 처방되는 두 가지 주요 약은 애더럴Adderall(벤제드린Benzedrine)과 리탈린Ritalin(메틸페니데이트Methylphenidate)이다. 이 두 약은 가만히 앉아 있지 못하고, 집중하지 못하는 사람들이 학습할 수 있도록 도움을 주는 안전하고 손쉬운 방법으로 수십 년 동안 처방되었다. 확실히 이 약들은 제재적 수단으로 과용되었고, 일부 아동들에게서 두통, 복통, 미각 상실, 수면 장애 등의 부작용이 나타나기도 했다. 이런 부작용들 때문에 어떤 부모들은 약물 사용을 단호하게 거부한다. 하지만 의사의 성실한 감독과 처방 아래 사용하면 대부분 크게 효과를 보는 것도 사실이다.

애더럴과 리탈린은 사실 ADHD를 앓지 않는 사람에게도 집중력과 주의력 향상 효과가 있다. 시험을 대비해 벼락치기를 해야 한다면, 딱 한 알이면 밤새워 공부하기에 충분하다.

멋지지 않은가? 편집증 같은 부작용을 겪을 수 있다는 걸 생각하지 않는다면 말이다. 영국군은 이미 50년도 더 전부터 편집증을 일으키는 것을 방지하기 위해 군인의 각성제 복용을 금지하고 있다.

이 약들이 정말 '인지 강화' 효과가 있는지 입증한 연구는 없다. 그저 각성 상태를 오래 지속시켜 줄 뿐이다. 그렇지만 이 약들이 커피처럼 사람들이 '영리해졌다고 느끼게' 해준다는 연구는 있다.[23] 예를 들어 《신경생리학Neurophysiology》에 실린 이중 암맹 연구는, 애더럴의 효과를 시험하고자 가짜약을 통제군으로 하여 건강한 사람들의 인지 능력을 13가지 수준에서 측정했다. "결과적으로 어떠한 인지 능력도 향상되었다는 것이 밝혀지지 않았"다. 그리고 나서 "그런데도 참가자들은 가짜약보다 이런 각성제가 자신들의 성과를 향상시켜 주었다고 믿었다"라고 덧붙였다. ADHD 진단을 받은 게 아니라면, 이런 각성제를 여러분의 머릿속에 끼워 넣느니 잠을 한숨 더 자는 게 낫다.

🔮 괴짜 신경과학의 세계

건강한 사람들을 위한 알츠하이머약?

나이 든 사람 모두가 알츠하이머병에 걸리는 건 아니지만, 많은 노인이 일상적, 직업적으로 수행 능력에 영향을 미치는 경미한 인지 장애를 겪는다. 의학계는 치매 증상을 완화하는 약들을 개발하는 데 노력을 쏟고 있는데, 이 약들은 건강한 사람들에게는 날카로운 인지 능력을 유지하게 해준다. 심지어 특정 상황에서는 기본적인 수준 이상으로 인지 반응 속도를 높여주기도 한다.

이와 관련해 《신경학Neurology》에 실린 스탠퍼드대학교의 연구가 있다.[24] 이들은 이 실험에 관심 있는 평균 나이 52세의 비행기 조종사들을 모집하여 비행 시뮬레이션 성과를 평가했다. 스트레스가 큰 비행 환경에서, 3분마다 기억하고 실행해야 할 복잡한 명령과 코드가 쏟아졌다. 일곱 가지 시뮬레이션을 한 뒤에 참가자들은 한 달 동안 경구용 치매 치료약인 아리셉트Aricept를 먹고 다른 시뮬레이션 시험을 받은 결과, 전보다 더 나은 성과를 보였다. 연구자들은 아리셉트가 "치매를 앓고 있지 않은 노인들의 경우 복잡한 비행 업무 훈련 시 집중력 향상에 도움이 되었다"라고 썼다.

앞으로 노년층의 인지 능력을 강화하는 약물에 관한 관심은 점점 더 커질 것이다.

6.
우리가 잠든 사이에

신경외과 의사로서 나는 신경외과 집중치료실ICU, intensive care unit에서 시간을 보내곤 한다. 그곳에는 수술 후에 회복되고 있는 환자들, 생명을 위협하는 뇌 손상과 전투 중인 환자들이 있다. 그중 몇몇은 호흡기를 단 채 죽음의 문턱에서 아주 깊이, 조용하게 잠들어 있다. 하지만 엄밀히 말해 수면 상태에 있는 건 아니다.

수면은 들불처럼 일어나는 뇌 활동이다. 자는 동안 우리 뇌의 무의식은 새로운 정보를 취하는 대신 전날 한 일들을 장기 기억으로 저장하기 위해 조각 모음, 제거, 저장하는 작업을 한다. 뇌에서 버려도 될 조각들을 깨끗이 청소하고 나서, 나를 주인공으로 한 가상의 3D 이야기를 보여준다.

"쉰다." 우리는 보통 아무것도 안 하고 편안하게 휴식을 취할 때 이렇게 말한다. 하지만 뇌는 쉬는 법이 없다. 잠을 자는 동안 쉼 없이 이루어지는, 뇌와 관계된 수많은 활동이야말로 생명의 필수 요소다. 이 활동이 이루어지지 않으면 우리는 죽는다.

그런데 매우 어려운 경우가 하나 있다. 뇌가 깨어 있는 것도 잠드는 것도 편안히 쉬는 것도 거부하는 경우다. 심각한 상태에 놓인 내 환자의 문제가 이것이었다.

그 환자의 이름은 에밀리였다. 처음 그녀를 만난 건 2004년 가을로, 내 둘째 아들이 태어나고 한 주 휴가를 냈다가 복귀한 뒤였다. 복귀 전날 저녁에 나는 환자들의 상태와 필요한 처치를 미리 검토하려고 신경외과 집중치료실에 잠시 들러서 진료 기록을 훑어보았다. 커다란 L 자형 집중치료실은 거의 꽉 차 있었고, 거의 모든 환자가 산소 호흡기를 달고 있었다. 이제 막 대학에 들어간 18세 소녀 에밀리가 내 눈에 들어왔다.

3주 전, 에밀리가 타고 있던 차량에 충돌 사고가 일어났다. 그녀는 조수석에서 안전벨트를 착용하고 있었으며 에어백이 터졌지만, 차량이 충돌하면서 받은 어마어마한 외력으로 인해 그녀 머리 속의 헤아릴 수 없을 만큼 많은 축삭돌기와 수상돌기가 부서졌고, 그러면서 수많은 뉴런이 마치 물풍선처럼 부풀어 올라 '펑' 하고 터졌다. 이렇게 찢어지고 터지면서 그녀의 뇌도 전체적으로 붓고 요동쳤다. 누가 한 대 치는 바람에 한껏 부풀어 오른 코를 생각하면 된다.

그녀의 두개골 내 압력을 측정하기 위해 작은 카테터가 꽂혀 있었다. 건강한 사람의 경우 정상적인 압력은 7mmHg(수은주밀리미터)에서 15mmHg 사이다. 20mmHg가 넘어가면 신경외과 집중치료실에 경보가 울린다. 이 정도 압력이면 뇌세포들이 압박을 받아 짜부라지고 뇌의 전체 부분이 두개골에 짓눌리게 되며, 결과적으로 죽음에 이르게 될 수도 있다.

에밀리는 프로포폴과 모르핀을 투여받고 잠들어 있었는데, 몸을 움직이지 못하는 수준의 마취 상태는 아니었다. 부풀어 오른 뇌가 압박받지 않도록 그녀의 두개골은 팬케이크만 한 크기로 두 부분이 제거되어 있었다. 하지만 그날 저녁 내가 도착했을 때 그녀의 두개골 내 압력은 21mmHg를 향해 치닫고 있었다.

어린 나이는 좋기도 하고 나쁘기도 하다. 좋다는 건, 젊은 사람들의 경우 놀라우리만큼 기적적인 회복력을 보인다는 점이다. 나쁘다는 건, 뇌가 급격히 부풀어 오르는 경향이 있고 자연적으로 혈종이 생긴다는 점이다.

그녀의 생명은 경각에 달려 있었다. 나는 이러한 경우에서 취할 수 있는 유일한, 그러나 위험한 선택지를 시도해 보기로 했다. 나는 간호사에게 다가가 말했다. "에밀리의 머리카락을 면도해 주세요."

진정제인 펜토바르비탈pentobarbital로 에밀리를 코마와 유사한 상태로 몰아넣어 뇌 속의 전기 스파이크들을 억제하는 방법이었다. 이런 스파이크들을 제거하면 뇌에 필요한 신진대사를 가장 낮은 수준으로 유지할 수 있다. 그러면 생리적으로 잠든 상태가 되어 몇 주에 걸쳐 뇌부종이 줄어들 수 있다. EEG상에는 이따금 느린 뇌파들이 일부 나타나고 있었지만, 일반적으로 수면 상태나 각성 상태에서 일어나는 정상적인 빠르고 날카로운 스파이크와 폭발은 없었다. 나는 그녀가 진짜 죽음에 이르지 않도록, 그녀를 죽음과 가까운 상태에 두기로 했다.

에밀리의 침상 옆에 놓인 모니터들에 심박수와 호흡이 표시되고 있었다. 내가 신경 쓰던 건 오직 그녀의 두개골 내 압력과 EEG 파형뿐이었다.

아니나 다를까, 시간이 흐름에 따라 그녀에게서 전기 스파이크들이 억제되고, 뇌압이 떨어졌다. 이제 20mmHg 바로 아래였다. 이상적이진 않았지만 치명적인 수준도 아니었다. 그녀는 잠이 들지도, 꿈을 꾸지도 않았지만 그녀의 뇌는 마침내 딱 필요한 만큼으로 전기 활동과 신진대사 활동이 낮아졌다.

몇 주 동안 우리는 침대에 누운 그녀를 교대로 지켜보면서 폐에 물이 차지 않도록, 욕창이 생기지 않도록 보살폈다. 뇌압은 20mmHg 이하로 유지되었고, 뇌 영상에서는 죽은 신경을 의미하는 검은 점들이 더 이상 나타나지 않았다.

마침내 우리는 그녀에게 투여되는 약물량도 점차 줄여갔다. 먼저 몇 주에 걸쳐 펜토바르비탈을 그녀의 몸속에서 빠져나가게 했고 그다음에는 마취제를, 그다음으로는 진정제를, 그러고 나서 마약성 진통제를 줄였다(하지만 완전히 끊지는 못했는데, 의식이 돌아왔을 때 통증에 시달릴 수 있었기 때문이다).

내가 처음 본 지 2개월가량 지나서 에밀리는 팔, 손, 다리를 움직이기 시작했다. 그녀는 서서히 깨어나 꼼지락거렸다. 안심되는 징후였다. 어느 날 아침, 마침내 그녀가 조용히 눈을 떴다. 그녀의 부모님이 탄성을 지르는 소리에 간호사가 달려갔고, 곧이어 그 소식이 나한테까지 전해졌다. 나는 에밀리에게 혀를 내밀어 보라고 말했다. 그녀가 혀를 내밀었다. 이번에는 엄지손가락을 내밀어 보라고 말했다. 그녀가 엄지손가락을 내밀었다. 그녀는 깨어났고, 내 말을 이해했고, 반응했다.

그 후로 1년이 지나, 에밀리의 부모가 내게 편지 한 통을 보내왔다. 에밀리는 잘 지낸다고, 커피숍에서 일도 하고 있다고 쓰여 있었다. 부모님의 표현으로 "몇 달 동안 잠들어 있었음에도" 말이다.

흥미로운 사실은 에밀리가 그 몇 달 동안 "잠들어 있었던" 게 아니라는 점이다. 수면은 뇌 활동을 억제하는 것이 아니다. 완전히 정반대다. 수면은 각성 상태에서 사용하지 않는 뇌의 깊은 힘을 불러온다. 수면 시간은 뇌가 쉬는 시간이라는 일반적인 관념은 틀린 것이다. 뇌가 진짜로 쉬는 경우는 에밀리처럼 화학적 뇌사 상태에 빠졌을 때뿐이다. 그런 경우에는 의사들이 '수면'이라고 말하는 수면 상태에 있는 것도 아니고 꿈도 꾸지 않는다.

자, 이제 우리가 잠에 빠졌을 때 진짜로 어떤 일이 일어나는지 살펴보자.

우리는 왜 잠을 자는가

잠이란 무엇인가? 그리고 우리는 왜 잠을 자는가? 21세기의 막이 오를 무렵부터 신경과학자들은 포유류만이 아니라 물고기, 새, 벌, 파리, 개미에 이르기까지 모두 잠을 잔다는 것을 알게 되었다.(한 연구에 따르면 여왕개미는 하룻밤에 9시간 정도를 자며, 일개미는 그 절반을 자는데 이를 보완하고자 한차례 깊은 낮잠을 잔다.[1]) 심지어 뇌가 없는 해파리조차 잠을 자는 것으로 관찰되었다. 아니, 최소한 수면과 비슷한 행동을 했다.[2]

지구상의 생명체 대부분이 왜 가만히 앉아 있는지, 그러니까 먹지도 마시지도, 짝을 찾지도, 포식자들로부터 자기 자신을 보호하는 일도 하지 않는 행위에 삶의 일부분을 할애하는지는 엄청난 수수께끼다. 과연 잠에 각성 상태의 온갖 이점을 포기할 만한 가치가 있는 것일까?

우리가 알고 있는 사실은, 인간을 포함한 포유류는 잠을 자는 동안 그날 하루에 차곡차곡 쌓인 단기 기억을 평생 갈 장기 기억으로 전환한다는 것이다. 새로운 기억을 만드는 데는 해마가 필수적인 부위이지만 장기 기억에는 피질에 분포된 다른 뇌 부위들도 필요하다. 잠은 우리 뇌가 해마라는 하역장에서 기억이라는 짐을 내려서 뇌 구석구석으로 이동시키는 시간이라고 생각할 수 있다.

시험공부를 할 때 계속 깬 채로 몇 시간 더 공부하는 것보다 낮잠을 자거나 밤에 깊이 잔 경우에 실제로 더 많은 것을 기억해 낸다.《네이처》에 실린 한 연구에 따르면 수면은 문제 해결과 관련된 능력에 도움을 준다.[3] 독일에서 행해진 한 연구 결과를 보면, 퍼즐 하나를 풀다가 막혔을 때 잠깐이라도 한숨 자고 나서 다시 그 퍼즐과 씨름한 사람들이 잠을 자지 않고 퍼즐에 매달렸던 사람들보다 세 배나 더 문제를 잘 해결했다. 춤처럼 신체적인 기술을 배울 때도 훈련 직후에 바로 연습하는 것보다 다음 날 연습한 것이 훨씬 더 나은 결과를 보였다.

물론 단기 기억 모두가 장기 기억으로 저장되는 것은 아니다. 오히려 그 반대다. 어제, 지난주, 지난해에 일어났던 일 대부분은 밤 동안 우리 뇌에서 말 그대로 '지워진다.'《신경과학저널Journal of Neuroscience》에 실린 최근의 멋진 연구 하나는 이렇게 설명한다. "잠의 근본적인 기능 중 하나는 쓰레기통을 비우는 것이다. 말하자면 하루 동안 쌓인 시냅스 네트워크 기억을 삭제하고 잊는 것이다."[4] 불필요한 기억들은 오래된 사진처럼 햇빛에 바래 희미해져 가는 것이 아니라, 잠을 자는 동안 활발하게 삭제된다. 더 나아가 이 논문은 이렇게 말한다. "이렇게 표적화된 망각은 효율적인 학습에 필수이며, 이 과정이 이루어지지 않으면 다양한 종류의 지능 장애와 정신 건강 문제가 유발될 수 있다." 쓰레기통을 비운다는 말은 단순히 신경의 연결 부위들을 제거하는 일을 비유한 말이 아니다. 잠을 자는 동안에 뇌가 말 그대로 하루 동안 쌓인 세포 쓰레기를 제거한다는 말이다. 그리고 이런 연구 결과들은 점점 더 많아지고 있다.

렘수면

렘수면REM, rapid eye movement('급속한 안구 운동'이라는 의미로 붙은 명칭-옮긴이)이라는 말을 들어 본 적이 있는가? 렘수면은 잠을 자는 동안 눈꺼풀 아래에서 안구가 좌우로 빠르게 움직이는 단계의 수면이다.

이 작용은 1951년 12월에 유진 애서린스키Eugene Aserinsky라는 대학원생이 자신이 일하던 수면연구실에서 밤을 보내던 날, 어린 아들에게 질문을 하면서 발견한 현상이다.[5] 그날 밤에 이 8세 소년의 뇌파는 깊은 수면 상태에서 나타나는 느린 델타파와 각성 상태에서 나타나는 더 빠른 베타, 알파, 세타 파형이 함께 나타나면서 어지럽게 뒤얽히기 시작했다. 처음에 애서린스키는 아들이 깨어 있다고 생각했지만, 자세히 살펴보니 갑작스러운 뇌 활동이 이루어지는 동안에도 아이는 깊게 잠들어 있었다. 게다가 아이의 눈은 눈꺼풀 아래에서 요란하게 춤을 추고 있었다. 애서린스키와 지도 연구원이 이 주기가 꿈과 관련된 렘수면 상태라는 사실을 깨달은 것은 그로부터 2년이 지나서였다. 두 사람은 렘수면 상태의 사람들을 깨우면 거의 모두가 생생한 꿈을 꾸는 도중이었다고 말했다고 보고했다. 그 뒤로 꿈이 오직 렘수면 동안에만 일어난다는 신화가 생겨났다.

하지만 이것은 사실이 아니다. 렘수면 상태일 때뿐 아니라 밤에 자는 시간 대부분 우리는 꿈을 꾼다. 렘수면 상태에서 꾼 꿈이 렘수면이 아닌 상태에서의 꿈보다 더 생생하고 감정적으로 보인다는 연구 결과들도 있지만, 그 사이의 차이점을 발견하지 못한 연구들도 존재한다. 이를테면 프랑스의 과학자들은 약물로 피험자들의 렘수면을 억제하는 실험을 했는데, 이때 피험자들은 "길고 복잡하며 기이한 꿈들이 지속됐다"라고 했다.[6] 또 다른 연구에서는 밤사이에 반복적으로 피험자들을 깨우자, 비非 렘수면 상태에서도 그 시간의 절반 이상은 꿈을 꾸는 것으로 나타났다.

꿈에 관한 오해

자, 그럼 꿈의 목적은 무엇일까? 옛날 옛적에 꿈은 하늘의 계시로 여겨졌다. 그러다가 짠! 지크문트 프로이트Sigmund Freud가 등장했다. 1899년 『꿈의 해석The Interpretation of Dreams』이라는 책 서두에서 프로이트는 꿈이란 우리의 공포, 욕망, 불안, 아동기의 억압된 기억의 현현顯現이라고 주장했다. 프로이트의 관점에서 꿈이란, 성적 욕망과 그 밖의 소망들, 즉 쾌락만을 추구하는 욕구(이드Id)가 이를 검열하고 아래로 밀어 넣으려고 노력하는 성격(초자아Super-Ego)과 다툼을 벌이는 콜로세움 같은 곳이다.

프로이트의 영리하고 통찰력 있는 이 이론은 현대 심리학에 지대한 영향을 끼쳤다. 아인슈타인의 이론이 물리학에 대해 그랬던 것처럼 말이다. 하지만 아인슈타인의 이론들이 현대 물리학의 기반으로 남아 있고 그의 공식과 예측 들이 여전히 무서우리만큼 정확한 것과 달리, 프로이트가 만든 개념들은 세월을 견뎌내지 못했다. 뇌의 어느 곳에서도 우리는 이드나 자아, 초자아를 발견할 수 없다. 그리고 꿈의 의미에 관한 그의 주장 역시 과학적 근거를 찾지 못했다.

그렇다고 해서 꿈이 멋지지 않다거나 매혹적이지 않다는 말은 아니다. 때로 꿈은 짜증 나는 문제에 관해 예상치 못한 해결책을 주거나, 최소한 신선한 시각을 제공한다. 예술가들에게는 시와 노래를, 과학자들에게는 새로운 공식 하나를 안겨주기도 한다. 꿈이 창작물을 제공해주는 것이다. 우리는 여전히 '왜' 꿈을 꾸는지 과학적으로 이해하지 못하고 있다. 그러니까 왜 우리가 숨을 쉬고, 음식을 먹고, 성관계를 하는지를 설명하는 방식으로는 말이다. 《사이언스Science》 창간 125주년 기념호에서 아직 풀리지 않은 수수께끼로 꼽혔듯, 꿈은 자연의 위대한 신비 중 하나이다.

충분한 수면 시간은?

1995년에 수면 연구자 앨런 레치차펜Allan Rechtschaffens은 쥐 실험을 통해 장시간의 각성 상태가 어떤 현상을 유발하는지 알아보았다.[7] 며칠 동안 잠을 자지 못하자 쥐들은 체온이 떨어지고, 음식을 더 많이 섭취하고 있음에도 체중이 줄었으며, 꼬리와 발 속에서 궤양이 나타나기 시작했다. 몇 주가 더 지나자 쥐들은 모두 사망했다.

사람의 경우 치명적 유전성 불면증Fatal familial insomnia이라는 극도로 희귀한 불치의 유전 질환이 있다. 이 질환은 특정한 연령대(종종 50대)에 발병하는데, 이때부터 환자는 잠을 자는 능력을 잃게 된다. 그리고 6개월에서 30개월 정도 한숨도 못 이루게 되다가 결국 사망에 이르게 된다. 따라서 우리에게 '왜' 잠이 필요한지를 이해하지 못한다 해도, 우리가 잠을 자야 한다는 것만은 분명한 사실이다. 그렇다면 얼마나 자야 할까?

1990년대에 외과 레지던트였던 나와 내 친구들은 한 번에 40시간 이상 연속 교대 근무를 해야 했다. 주중 근무 시간이 120시간에 달하는 것도 일상이었다. 연구에 따르면 수면 부족 상태의 의사들은 충분히 휴식을 취한 의사들보다 훨씬 더 많은 실수를 저지른다. 2003년 초에 와서야 미국의 의학 교육 감사 기관은 레지던트들이 잠을 자지 않고 일하는 시간을 제한하는 규정을 만들었다. 레지던트들이 주당 80시간을 넘겨서 근무할 수 없다는 제한이 생긴 것이다. 예외적으로 신경외과 레지던트들에게만 주당 88시간이 허용되었다. 처음에는 똑같이 주당 80시간이었으나, 신경외과 레지던트 수가 너무 적어서 응급 뇌 외상 환자가 발생했을 때 병원에 의사가 부족해지는 사태가 발생했기 때문이다. 환자 뇌에서 피가 철철 흐르는데 신경외과 의사가 아예 없는 것보다는 피로에 전 젊은 의사 하나라도 있는 게 낫다고 판단한 듯하다.

지금도 하루에 4시간에서 5시간 정도만 자도 괜찮다고 생각하는 사람들이 있다. 사실 비즈니스 세계의 임원이나 대학생 중에는 자신들이 얼마나 잠을 안 자고 일하는지 떠벌리는 사람들도 제법 많다. "잠은 죽으면 충분히 잘 수 있어"라면서 말이다.

아마 그럴지도 모른다. 이들은 수면 부족으로 빨리 죽게 될 테니까. 2010년에 16건의 선행 연구를 분석한 결과(전체 조사 대상자는 130만 명에 달했다), 하루에 6시간도 못 잔 사람들은 6시간에서 8시간을 잔 사람들보다 65세 전에 사망할 확률이 12퍼센트나 높았다.[8] 한편 같은 연구에서 하루에 9시간 넘게 잔 사람들은 요절할 위험이 30퍼센트나 높았다.

수면 시간이 너무 길거나 짧으면 건강상의 위험들이 발생할 수 있음을 밝히는 연구는 여럿 된다. 예를 들어 「간호사 건강 연구Nurses' Health Study」에 따르면 하루에 9시간 넘게 잠을 잔 여성은 8시간 이하로 잔 여성들에 비해 심장 질환 위험이 38퍼센트나 높았다.[9] 미 심장협회American Heart Association의 연구에 따르면, 체중, 혈당, 혈압이 증가하는 대사 증후군이 있는 사람의 경우 하루에 6시간 미만으로 잠을 자면 사망 위험이 두 배로 높아졌다.[10] 물론 수면의 필요성은 생애 주기에 따라 무척이나 다양하다. 영유아는 매일 24시간 중 절반을 잠을 자고, 65세 이상의 성인은 하루에 7시간도 자지 않는 경우가 많다.

미 수면재단National Sleep Foundation이 권장하는 수면 시간은 다음과 같다.[11]

권장 수면 시간

연령	권장	적정	비권장
학령기 아동(6-13세)	9-11시간	최소 7-8시간 최대 12시간	7시간 미만 12시간 초과
청소년(14-17세)	8-10시간	최소 7시간 최대 11시간	7시간 미만 11시간 초과
청년(18세-25세)	7-9시간	최소 6시간 최대 10-11시간	6시간 미만 11시간 초과
성인(26-64세)	7-9시간	최소 6시간 최대 10시간	6시간 미만 10시간 초과
노인(65세 이상)	7-8시간	최소 5-6시간 최대 9시간	5시간 미만 9시간 초과

특히 문제가 일어날 수 있는 '비권장' 항목을 주의 깊게 살펴보길 바란다. '권장' 항목은 이상적인 수면 시간이다.

뇌, 딱 걸렸어

레지던트들의 연속 근무 시간 제한에 관련한 법에는 매달 최장 4일의 휴일을 보장하는 추가 조항이 포함되어 있었다. 당시 교육수련 실장은 우리에게 매주 하루 쉬는 선택권을 제안했다. 하지만 레지던트들은 그 제안을 거절했다. 차라리 12일을 내리 일하고 이틀 연속으로 쉬고 싶었기 때문이다.

주 120시간을 일하고 나서 맞는 휴일 첫째 날 아침, 나는 눈앞에 거미줄이라도 친 듯 답답함을 느꼈다. 알람을 맞추지 않고 잔 뒤 일어난 둘째 날 아침이 되자 정신이 명료하고 차분해졌다. 못 잔 잠을 벌충해

다시 인간이 된 기분이었다. 12일 연속으로 일하고 이틀을 쉬는 걸 택한 이유는 충분히 잠을 자고 난 뒤 둘째 날 아침에 그 상쾌한 기분을 만끽하고 싶어서였다.

못 잔 잠을 벌충할 수 없다는 의견이 오랫동안 있었지만, 최근 연구들은 그 의견을 반박한다. 내 경험도 그렇게 말한다. 10여 년간의 수면 장애를 견디며 생긴 육체적 스트레스가 내 건강에 타격을 주었지만, 누적된 건강상의 위험이 이틀 동안의 수면으로 조금이나마 경감되었음을 이 연구들은 확인시켜 준다. 주중에 수면이 부족했다면 주말 이틀이라도 늦잠을 자는 것이 좋다.

밤에는 어둡고, 낮에는 밝게

한곳에 빛을 좀 비춰보겠다. 수면의 길이와 질뿐만 아니라 건강 전반에 영향을 미치는 부위다. 바로 우리의 시상하부이다. 그 속에는 시계 하나가 탑재되어 있다.(나는 이곳을 제1장에서 수술 시 '비행 금지 구역'이라고 불렀다. 무척이나 중요한 부위이기 때문이다.) 그 시계는 우리 뇌 중심에 들어앉아 있으며, 우리 눈으로 직접 들어오는 정보를 수신하는 데 특화된 2만여 개의 뉴런들이 모인 작디작은 집합체를 가지고 있다. 시교차상핵suprachiasmatic nucleus이라고 불리는 이 뉴런 집합체는 낮과 밤의 주기를 바꾸는 일과 관련된 말을 시상하부에 속삭여 준다. 그러면 시상하부는 이 정보를 처리하여 행동, 호르몬 수준, 수면, 신진대사를 어떻게 통제할지 지침을 만든다.

24시간 주기로 우리의 생물학적 리듬을 매개하는 몇 가지 유전자를 발견한 세 명의 과학자들은 그 공로로 2017년 노벨상을 받았다. 노벨 위원회는 이 과학자들이 식물, 동물, 인간이 생물학적 리듬을 조정하여 지구의 진화에 발맞추는 과정을 설명함으로써 "우리의 생물학적 시계를 엿볼 수 있게 해 주었다"라고 평했다.[12]

생물학적 리듬이 파괴되면 비만, 제2형 당뇨(제1형보다 천천히 진행되고, 나이가 들거나 비만도가 심할수록 발병하기 쉽다고 알려져 있다-옮긴이), 우울증, 심지어 암에 이르기까지 다양한 질환에 걸릴 수 있다. 만성신경내분비 종양학연구소the Laboratory of Chrono-Neuroendocrine Oncology의 데이비드 E. 블라스크David E.Blask는 이를 이렇게 설명한다. "우리는 낮 동안 빛의 스펙트럼 전全 영역에 이르는 밝고 푸른 빛을 보고, 밤에는 완전한 어둠 속에 있도록 진화해 왔습니다. 우리의 생물학적 시스템을 건강하게 만드는 건 이 두 가지입니다. 빛과 어둠이라는 자연적인 조건 속에서 균형을 잡는 것이죠."[13]

그렇긴 하지만 오늘날 누구도 동굴에 살던 원시 시대로 되돌아갈 수는 없다. 그런 한편 바깥에서 처리해야 하는 일은 상대적으로 적어졌다. 그러므로 우리의 생체 시계에 맞는 건강한 생활을 하려면 밤에는 밝은 빛을 피하고, 잘 자고, 낮에는 최소한 하루 20분 정도 바깥에 나가서 햇살을 즐겨야 한다. 바깥에 나가기 힘들다면 밝고, 하얗고, 전체 스펙트럼의 광선을 내보내는 전구를 달 것을 추천한다. 빛은 우리에게 중요하다. '어둠침침하다gloom'라는 단어가 단지 빛이 부족한 상태를 설명할 때뿐만 아니라 기분이 우울할 때 사용되는 것만 봐도 알 수 있지 않은가!

불면증

'불면증'이라는 단어는 다소 포괄적이지만, 미 정신의학회The American
Psychiatric Association의 가장 최근 정의에 따르면 다음의 다섯 가지 기
준으로 진단을 내린다.

1. 잠드는 데, 혹은 잠을 계속 자는 데 어려움을 겪거나 너무 일찍
   잠에서 깨고 다시 잠들 수 없는 문제로 인해 수면이 질적, 양적
   으로 만족스럽지 못하다. 하지만 다른 조건들을 충족한다 해도
   수면이 불만족스럽지 않다면 불면증이 아니다.
2. 수면 부족으로 인해 직장생활이나 일상생활에서 활동적, 감정
   적으로 상당한 고통이나 장애가 유발된다. 수면량이 불만족스
   럽다고 해도 실질적인 문제를 유발하지 않는다면 불면증이 아
   니다.
3. 수면 장애가 최소한 일주일에 3회 정도 일어나는 상태가 최소한
   3개월 동안 유지된다.
4. 충분한 수면 기회가 있음에도 잠드는 게 어려운 상황이 지속된
   다. 단, 업무나 그 밖의 다른 해야 할 일 때문에 수면 장애가 유
   발된 것이 아니어야 한다.
5. 수면 부족의 원인으로 어떤 신체적, 정신적 문제를 지목하기 어
   려워야 한다.

불면증에 시달리는 성인의 수를 추정하는 연구들은 전체 성인의 약 3분의 1 정도가 불면증에 시달린다고 가늠하는데, 이는 너무 과장된 수치다. 내가 알기로 이 분야 연구 중 가장 괜찮은 연구는 4만 명이 응답한 2014년 노르웨이의 건강 조사 결과다.(이 연구자들은 심지어 조사에 응하지 않은 사람들에게 다시 한번 찾아가서 그중 7,000명의 사람들에게 수면과 관련된 두 가지 응답을 얻어내기까지 했다.[14]) 이 연구는 엄격한 진단 기준들을 적용했을 때 성인 여성의 9.4퍼센트, 남성의 6.4퍼센트가 불면증 증상을 겪고 있다고 결론 내렸다. 전체적으로 자신의 건강이 '매우 나쁘다'라고 보고한 사람들은 건강이 '매우 좋다'고 응답한 사람들보다 불면증으로 고통받는 경우가 여덟 배나 되었다.

쪽잠은 안 자느니만 못 하다

내 환자들은 모두 뇌 수술 후에 쪽잠으로 인한 수면 부족 상태를 겪는다. 미국 전역의 신경외과 집중치료실에서 행해지는 일상적인 진료 행위 때문이다. 이 진료 행위란 우리가 수술한 환자들을 1시간마다 깨워서 말을 걸고 움직일 수 있는지 확인한다는 말이다. 공식적인 지침으로는 다음과 같이 쓴다. "매시간 신경 검사."

뇌의 연결성에 관한 생체 정보를 얻기 위한 조치이긴 하지만 부작용이 있다. 환자가 쪽잠을 자게 되기 때문이다. 쪽잠은 환자의 정신을—'집중치료실 정신병ICU psychosis'이라고도 부르는—섬망delirium 상태로 몰아가는 주요 요인이다. 환자들은 대개 총 6시간에서 9시간 정도 잠을 자기는 하지만, 연속해서 자는 게 아니라서 섬망을 일으키게 되는 것이다. 이때 환자들은 방향 상실, 불안증, 환각이나 환영을 경험하는 것처럼 보인다. 집중치료실에 들어온 뒤 어느 정도 시간이 지나면 환자들은 다음 단계의 병동으로 옮겨가는데, 이곳에서는 생체 검사 및 신경 검사를 하는 시간 간격이 늘어난다. 약을 끊고 수면 지속 시간을 늘리면 섬망은 대부분 해결된다.

외과 생활에도 쪽잠에 대한 '전통'이 있다. 수면에 관한 생각을 물으면 레지던트들은 이렇게 말하곤 한다. "환자들은 잘 못 자고, 우리는 아예 못 자죠." 환자의 수면 장애는 수술 후 뇌출혈을 살펴보느라 생긴 의도치 않은 일이지만, 레지던트들의 수면 박탈은 보통 스스로 선택한 것이다. 어째서일까?

대개 병원 일은 끊임없이 이어지는 과중한 업무들로 쉴 틈이 나지 않고 밤까지 이어진다. 하지만 어떤 밤은 아주 잠깐 눈을 붙일 기회가 있다. 경험 많은 레지던트들은 1시간에서 2시간 정도의 쪽잠 유혹에 굴복하기보다는 몇 날 밤을 뜬눈으로 새우는 것을 선호한다. 왜인지는, 집중치료실 환자들의 경우만 봐도 쪽잠이 얼마나 위험한지 알 수 있지 않은가? 외과 레지던트들도 아예 못 자는 것보다 쪽잠이 더 위험하다고 느껴서 다음 날 아침에도 집중력을 박박 긁어모아 14시간 동안 일을 한다.

나 역시 밤 동안 집중치료실에서 가장 경과가 나쁜 환자들을 살펴보고, 야간 근무 중인 방사선사들이나 간호사들과 함께 시간을 보내면서 스스로 선택한 불면 상태를 견뎠다. 여전히 나는 40시간 교대 근무 상황에 놓여 있는데, 계속 방해받으면서 짧게 짧게 자다 깨다 하며 7시간을 자느니 5시간을 연속으로 푹 자는 걸 택할 것이다.

자각몽

잠을 자는 상태인데 꿈속에서 깨어나 그 순간 자신이 꿈을 꾸는 상태임을 깨달은 경험이 있는가? 자각몽은 정말 멋지고 재밌는 현상이다. 때때로 이 일은 수면에서 각성으로 넘어가는 이행 단계에서 일어난다. 하지만 평범하게 잠을 자는 동안 일어나기도 한다. 자각몽 상태에 돌입하는 방법 및 자각몽을 통제하는 방법은 연습으로 습득할 수 있다.

내가 자각몽 현상을 접한 것은 1975년에 초판이 나온 퍼트리샤 가필드Patricia Garfield의 『창조적인 꿈Creative Dreaming』이라는 책에서였다.[15] 여기에서 소개하는 자각몽 유도 지침들은 요즘에 나온 방법들만큼이나 유용하다. 가필드를 비롯한 여러 연구자들은 자각몽이 만성적인 악몽에 시달리는 사람들에게 도움이 될 수도 있다는 사실을 발견했다. 환자를 놀라게 하는 이야기나 위협적인 형상을 사려 깊고 창조적인 방식으로 잘 짜 넣는다면 말이다.

자각몽과 관련된 2주간의 계획을 소개해 보겠다. 휴가 기간에 하는 게 가장 좋을 것이다. 늦게까지 자는 것이 관건이기 때문이다.

1. 매일 낮과 밤, 새처럼 하늘을 나는 꿈을 꾸게 될 것이라고 반복적으로 자신에게 말하라. 비행은 사람들이 자기가 꿈을 꾸고 있다는 걸 깨닫는 공통적인 원인 중 하나다. "오늘 밤 나는 하늘을 날

거야"라고 마음속으로 되도록 자주 반복해 말하면, 하늘을 나는 꿈을 꿀 기회를 늘릴 수 있다. 우리는 일이든 가족이든 혹은 하늘을 나는 것이든, 자신의 마음을 가장 많이 차지하고 있는 일에 대한 꿈을 꾸는 경향이 있다.

2. 매일 아침 가능한 한 늦게까지 잠을 자도록 하라. 잠을 오래 잘수록 꿈이 더욱 생생해지는 경향이 있으며 꿈을 기억하게 될 기회도 더 많아진다.

3. 잠에서 깨어났을 때 바로 일어나려고 하지 마라. 머리를 계속 베개에 대고 조용하게 누워서, 꿈을 떠올리려고 해보라. 이 시도를 오래 할수록 기억나는 게 더 많아질 것이다. 최소한 매일 아침 10분 정도 이렇게 시간을 보내라.

4. 꿈 일기를 써라. 되도록 많은 꿈을 기억해 내게 되면, 일지에 그것을 기록하라.

이 방법으로 자각몽을 꾸지 못한다 해도 최소한 어느 정도 기분 좋게 긴 잠을 즐기고, 뇌가 일구는 놀라운 양방향적 가상 현실을 즐길 수 있을 것이다.

🧠 두뇌 운동

더 오래, 푹 자는 방법

여러분 자신이나 가족, 연인이 불면증으로 고통받고 있다면 어떻게 할까? 어떤 사람들은 감기약 한 통을 사서 한입에 털어 넣기도 한다. 하지만 항히스타민제가 함유된 일반의약품들은 잠이 '들게' 하는 작용만 할 뿐이다. 밤 내내 수면을 유지하도록 돕지는 못한다. 이 약들은 만성 불면증 치료제로 추천할 수 없다. 전혀 안 듣기 때문이다.

위스키, 맥주, 진, 보드카, 와인을 택하는 사람들도 있다. 술을 마시고 잠드는 것은 문제를 푸는 게 아니라 더 많은 문제를 일으킨다. 잠자리에 들기 전 술 한 잔은 잠이 오게 만들긴 하지만, 깊은 잠으로 이끄는 데는 도움이 되지 않는다.

자연 치료법을 선호하는 사람들은 처방 없이 살 수 있는 멜라토닌 melatonin에 접근하기도 하는데, 사실 수면 유도에 관한 멜라토닌의 위력은 엄청나게 과장되어 있다. 멜라토닌은 뇌의 송과선pineal gland에서 나오는데, 송과선 제거와 관련된 연구 결과를 한번 살펴 보자. 환자들의 송과선을 제거하기 전과 후를 평가한 한 '전향적' 연구는 다음과 같은 결론을 내렸다. "송과선 절제 후 멜라토닌양은 대부분 검출 한계 이하로 현저하게 감소했다. 하지만 일상적인 삶에서 수면-각성 리듬은 변화하지 않았다."[16]

최근 《컨슈머 리포트》에 따르면 루네스타Lunesta, 앰비엔Ambein, 소나타Sonata 같은 처방 약물들조차 8분에서 20분 더 빨리 잠들게 해 주는 정도의 효과밖에 없음이 밝혀졌다.[17] 이에 더해 심각한 부작용 위험까지 있었다. 이 약을 복용한 사람들이 잠에서 깬 뒤에도 이따금 졸음이 온다거나 다음 날 두통을 겪었다고 호소한 것이다. 가장 위험한 사실은 앰비엔을 복용한 사람들 일부가 분명히 잠자리에서 일어나 운전대를 잡았는데, 실제로는 수면 상태였다는 점이다.

그렇다면 수면 전문가들이 추천하는 방법은 무엇일까? 미 수면약물아카데미American Academy of Sleep Medicine의 웹사이트(https://aasm.org)에는 불면증을 겪는 사람이라면 해야 할 일과 하지 말아야 할 일들이 상세하게 나열되어 있다. 나 역시 불면증으로 고생하는 사람으로서, 이 중 내게 효과가 좋았던 방법들을 정리해 보겠다.

1. 같은 수면 패턴을 꾸준히 유지하라

매일 같은 시간에 일어나라. 주말이나 휴가 기간에도 마찬가지다. 잠들기 위한 내적 시계에 맞는 생체 리듬을 유지할 수 있게 도와줄 것이다. 나는 이 방법을 부분적으로만 적용하는데, 내가 주말에는 늦게 자고 늦게 일어나기 때문이다. 하지만 주중이든 주말이든 총수면 시간은 같게 유지하도록 노력한다.

2. 오후나 저녁에는 카페인 섭취를 피하라

카페인은 10시간에서 12시간 동안 우리의 신체 시스템 속에 머물러 있을 수 있다. 따라서 불면증에 시달리고 있다면 이른 오후부터는 카페인을 섭취하지 않는 게 좋다. 나는 수술이 없는 날에 커피를 마시게 되면, 절대 정오 이후에 커피를 마시지 않는다.

3. 20분이 지나도 잠이 들지 않으면 침대에서 나오라

이것은 꽤 합당한 근거가 있다. 누구나 밤새도록 뒤척이고 싶지는 않을 것이다. 만약 30분 가까이 뒤척이기만 하고 잠을 이루지 못하면 그냥 자리에서 일어나는 게 낫다. 그리고 뭔가 부드럽고 달콤한 것을 마시고, 조명을 어둡게 유지하라.

4. 침대에서는 오직 잠만 자라

'오직'이라는 단어는 다소 어감이 강하지만, 이 법칙에는 잘 맞는다. 나는 노트북 컴퓨터로 영화나 TV 쇼 프로그램을 다 보고, 하루를 마치면서 침대에 앉아서 책 보는 걸 좋아한다. 하지만 불면증에 시달릴 때는 책을 읽지 않는다. 빛에 노출되기 때문이다. 전자책을 읽더라도 화면에서 빛이 나오지 않는가. 그럴 때는 불을 끄고 팟캐스트를 듣는다. 물론 아내가 참아줄 만한 정도로만 말이다.

5. 저녁에는 조도를 낮추라

저녁 시간에 밝은 조명 아래 있는 것이 잠에 방해가 된다는 데는 의문의 여지가 없다. 나는 저녁 8시 정도가 되면 집 안의 조도를 낮추어 어둑어둑하게 유지한다.

6. 최소한 잠자리에 들기 30분 전에는 전자기기를 꺼라

가장 지키기 어려운 규칙이다. 나 역시 휴대전화는 매일 아침 가장 먼저 집어 들고, 매일 밤 가장 늦게 내려놓는 물건임을 인정할 수밖에 없다. 그래서 나는 저녁 8시 이후에는 휴대전화를 '야간 모드'로 설정함으로써 '디지털 황혼 시간'으로 만든다. 그런 상태를 유지하더라도 밤에 나가는 시간이 점점 더 늘어나고 있는 우리 집 10대들이 나에게 연락하는 데에 문제가 없고, 늘 응급 상황에 대비해야 하는 의사로서 지원 나갈 준비를 할 수도 있다.

이 방법을 써보고도 여전히 만성 불면증에서 벗어나지 못해 치료를 받아보기로 했다면, 인지행동요법cognitive behavioral therapy(이하 CBT)을 고려하되 전문 수면 치료사에게서 도움을 받아보라. 그들은 CBT를 사용하여 여러분들의 수면 습관이나 태도를 파악하고, 밤에 잘 쉴 수 있게 해줄 것이다. 어떤 치료사들은 수면 일기를 꾸준히 쓰라고 제안할 것이다. 일부 연구들은 만성 불면증을 겪는 환자의 80퍼센트 이상이 CBT로 도움을 받고 그 효과를 오래 유지하고 있다고 말한다.

《미 의사협회 정신의학회지JAMA Psychiatry》에 게재된 한 연구에서는 불면증을 앓는 사람들이 6주 동안 이와 유사한 프로그램을 사용했을 때 1년 후 정상적인 수면을 취하게 된 경우가 57퍼센트에 달했다. 일상적인 조언이나 교육을 받은 사람들의 경우 27퍼센트 정도만이 수면 패턴을 유지한 것에 비해 두 배가량 높은 수치이다.

🎈 괴짜 신경과학의 세계 ─────────────

온딘의 저주Ondine's curse

10여 년 전 일이다. 뇌간에 있는 비非암성 낭종을 수술로 제거했지만 계속 재발하는 바람에 전국의 병원을 돌아다니면서 여러 번 뇌 수술을 받은 환자가 나를 찾아온 적이 있다. 나는 환자의 두피를 벗기고, 두 개골을 절개하고, 머리카락처럼 가느다란 혈관들 사이에서 낭종을 떼어냈다. 수술은 잘 끝났고, 그녀는 깨어날 때도 괜찮아 보였다. 하지만 그날 저녁, 그녀는 잠을 자던 중 호흡이 멈췄다. 경고음이 울려 퍼졌고, 수술하는 동안 꽂았다가 제거했던 산소 튜브가 그녀의 호흡기에 다시 끼워졌다. 우리는 수술 후에 투여한 진통제 때문에 호흡 신호가 억제된 것이 아닌가 생각했다. 아편성 진통제의 부작용으로 사망하는 사람들이 더러 있기 때문이다.

다음 날 아침, 그녀는 정상적으로 호흡을 회복했다. 모든 게 다 괜찮아 보였다. 하지만 오후에 그녀가 잠이 들었을 때 다시 한번 무호흡 증상이 일어났다. 이제 상황은 심각하게 느껴졌다.

"저환기증후군hypoventilation syndrome인 것 같군." 시니어 신경외과 의사 한 명이 내게 말했다.

그때까지 나는 이 합병증에 관해서는 책으로 읽어본 게 전부였다. 이 증상은 대부분 뇌간 손상으로 인해 일어나는데, 수면 중에는 자발 호흡을 하지 못하기 때문에 인공 호흡기를 사용해야 한다. 이 질병에는 '온딘의 저주'라는 명칭이 붙어 있다. '온딘 이야기'는 『인어 공주』를 비롯해 많은 문학 작품들에 영감을 준 유럽의 동화이다. 원래의 이야기는 디즈니 만화 영화보다 훨씬 어둡다. 온딘이라는 물의 요정이 있었는데, 평생 사랑을 맹세했던 남편이 그녀를 버리고 다른 여자에게로 가버린다. 온딘은 아버지에게 가서 남편에게 저주를 내려달라고 부탁하고, 그 남편은 예전에는 무의식적으로 하던 모든 신체적 행위를 의식적으로 해야만 하게 된다. 두 사람이 작별 키스를 할 때 남편은 숨 쉬는 법을 잊어버려 죽고 만다.

우리는 환자가 회복하면서 무호흡 문제가 호전되는지 일주일 동안 기다려 보았다. 결국 그 증상은 영구적인 것이 확실해졌고, 기관 절개술을 하게 되었다. 나는 그녀의 목 중앙을 수평으로 아주 조금만 째고 기도를 절개하여 열었다. 좁은 플라스틱 튜브가 그 부위에 장착되었다. 이제 그녀는 잠들기 전과 후에 스스로 산소 호흡기를 연결하고 제거하는 일상을 반복해야 했다. 나는 지금도, 그녀가 매일 밤 잠들기 전에 자신의 기도로 산소 호흡기를 연결하는 모습을 상상한다. 말하자면, 자신이 다치게 한 사람은 항상 기억에 남는다는, 그런 말이랄까.

다행스럽게도 그녀의 뇌에서 낭종은 다시 생겨나지 않았다. 위험한 수술을 더는 하지 않아도 되었다. 그후로 몇 달 동안 그녀의 상태를 확인했는데, 뜻하지 않게 좋은 소식을 듣게 되었다. 처음에 그녀는 잠자리에 들기 위해 수면제를, 불안을 잠재우기 위해 항불안제를 복용했다고 했다. 그런데 얼마 후, 호흡에 주의를 기울이는 것이 진정 효과가 있음을 깨닫게 되었다는 것이었다.

"전 온종일 명상하는 것이나 마찬가지예요"라고 그녀가 말했다.

이 명상 '호흡'을 알아보기 위해 다음 장으로 넘어가 보자.

7.

그저 숨 쉬면 될 뿐

JT의 병이 처음 발병한 건 부모님이 이혼한다는 사실을 알고 나서 일주일 후였다. 당시 16세 고등학생이던 JT는 교실에 앉아 앞으로 자신은 어디서 어떻게 살게 될지를 걱정하고 있었는데, 갑자기 심장이 심하게 두근두근 뛰었다. 과호흡이 시작된 것이다. 이어서 공황 발작이 일어났다. 그리고 이상한 일이 일어났다. 그의 팔 감각이 죽은 것이다. 책상에서 왼팔을 들어 올릴 수 없었다. 완전히 공황 상태에 빠져서 자리에서 일어났지만, 왼쪽 다리가 다시 주저앉는 바람에 그는 바닥으로 쓰러졌다.

JT와 부모가 내게 온 것은 이 일이 일어나고 한 달 후였다. JT는 내성적이고 조용한, 비쩍 마른 소년이었다. 소년은 반 친구들이 발작을 일으킨 자신을 보고 웃음을 터뜨렸다고 말했다. 교사 둘의 부축을 받고 양호실로 간 뒤 20분 정도 지나자 JT는 침착함을 되찾았고, 손과 다리에 힘도 돌아왔다. 양호 교사는 즉시 병원에 가봐야 한다고 말했지만 그는 거부했다. 그저 이상한 기분 탓이라고 생각한 것이다.

며칠 후, 소년은 아버지와 이혼에 관한 이야기를 나누다가 과호흡이 일어나고 땀이 비오듯 쏟아졌다. 그러고 나서 또다시 몸 왼쪽 근육에 힘이 들어가지 않는 현상이 일어났다. 하지만 평정을 되찾자 그 전처럼 다시 몸에 힘이 돌아왔다.

그때도 그의 부모는 JT를 의사에게 데려가는 걸 주저했다. 근육에서 힘이 빠지는 증상을 겪는 경우 이런 말도 안 되는 상황이 벌어진다. 심각한 외상을 입으면 사람들은 즉시 그 상태를 판단하고 치료하려 들지만, 힘이 빠지는 증상은 위급하게 보이지는 않는지라 당장에 사람들의 주의를 끌지는 못한다. 갑작스러운 근무력증은 종종 뇌졸중이 일어나고 있다는 경고 신호임에도 말이다.

일주일 후, 짐을 가득 진 낙타를 쓰러뜨리는 마지막 지푸라기 하나가 떨어졌다. JT의 어머니의 말에 따르면, JT는 학교에서 두 번째 발작을 일으켰다. 부모의 이혼이 임박해 오는 스트레스 상황에서 그는 다시 한번 머릿속이 걱정으로 꽉 찼고, 공황 발작이 일어나 왼편 근육이 축 늘어졌다.

이번에는 학교 양호 교사가 구급차를 불러 JT를 병원으로 이송했다. 응급실 의사는 신체 상태를 문진하고 뇌 MRI 검사를 지시했다. 문진과 MRI에서는 모든 것이 정상으로 보였다. 기능 이상은 없었다. 신경외과 의사의 말마따나 그의 중추 신경 시스템은 '온전'했다. 혈전도 종양도 없었고, 두개골을 채우고 있는 촉촉한 회질과 백질도 아름다운 빛을 뿜냈다. 젊고 건강한 뇌였다.

하지만 분명히 뭔가가 잘못되어 있었다. 응급실 의사는 MRI로 볼 수 없는 혈관 상태를 빈틈없이 살펴보려고, 그러니까 뇌혈관이 뻗어나가는 모양을 살펴보려고 영상의학과 의사를 호출했다. 특수 뇌 스캔인 MR 혈관 촬영이 시행되었다. 대동맥에서부터 가장 작은 모세혈관에 이르기까지 혈관 전체를 조영하는 특수 뇌 스캔 검사였다.

우리의 목 양쪽에서부터 두 개의 큰 경동맥carotid이 뻗어 올라간다. 이것들은 턱 뒤쪽에 도달하면, 두개골 밑바닥에 난 틈들 사이로 깊숙이 들어가 뇌로 진입해 샹들리에의 촛대처럼 사방으로 뻗어나간다. 그래서 우리는 이것들을 나뭇가지 모양의 촛대라는 의미에서 '캔들라브라candelabra'라고도 부른다.

JT의 경우, 좌측 내경동맥internal carotid artery에서 나온 미세 혈관들 캔들라브라는 정상이었다. 하지만 뇌 우측(신체 좌측을 통제하는 부위)에는 문제가 있었다. 우측 경동맥 끄트머리가 조금 막혀 있었던 것이다.

그런데 어째서 JT의 뇌 우측이 죽지는 않은 걸까? 큰 나뭇가지가 잘려 나갔을 때 자잘한 새 가지들이 뻗어 나오는 것처럼, 뇌 밑바닥의 내경동맥 끄트머리에서 작은 혈관들이 뻗어 나와 하나의 무성한 네트워크를 이루고 있었기 때문이다. JT의 경우 일반적인 캔들라브라 혈관들보다 얇고 약했지만, 스트레스가 없는 상황에서 뇌 기능을 유지할 정도는 되었다.

혈관 촬영을 하자 연기가 모락모락 피어난 것처럼 이런 실뭉치 같은 혈관 다발이 나타났다. 혈관 촬영 사진을 본 영상의학과 의사는 즉시 JT의 문제가 무엇인지 알아차렸다. 모야모야병이었다. '모야모야'는 일본어로 '모락모락 피어오르는 연기'를 의미하는데, 1950년대 후반에서 1960년대 초에 일본 의사들이 발견해 이런 이름이 붙었다. 대부분 아동에게서 나타나며, 울거나 공황 상태에 빠지거나 힘을 많이 줄 때 뇌로 혈액을 공급하는 미세한 혈관들이 좁아져 생기는 병이다. 대개 그 결과로 가느다란 혈관에서 출혈이 일어나 주변 뇌 조직이 죽는다. 다시 말해 일시적인 미니 뇌졸중으로, 일과성뇌허혈발작transient ischemic attack이라고도 부른다. 이 경우 두통이나 일시적인 근육 수축, 반복적인 신체 뒤틀림, 혹은 JT의 경우처럼 뇌 한쪽이 관장하는 근육들에서 힘이 빠져나가는 증상이 나타난다.

모야모야병을 완전히 치료하는 방법은 혈류가 줄어든 해당 부위에 새로운 혈관을 끌어다 붙이는 것이다. 그래서 JT를 진찰한 의사가 그를 내게 보낸 것이었다.

JT의 경우는 초기의 가벼운 단계였다. 혈관 촬영 검사상, 장차 질병으로 이행될 죽은 뇌 조직의 흔적은 보이지 않았다. 뭉글뭉글한 연기처럼 수축한 혈관들은 근처 조직을 죽이지 않고 그곳의 혈류를 일시적으로 빼앗아올 뿐이었다. 따라서 현재로서는 위험을 무릅쓰고 수술하기보다는 지켜보는 게 나았다. JT는 자연적으로 치유될 수 있었다. 그 해결책은 간단해 보이지만 매우 중요한 것이었다. 그러니까, 그저 잘 '호흡'하면 되는 것이었다.

공황 발작 상태에서 일어나는 과호흡은 산소가 부족하다고 느끼게 만들지만, 실제로 산소는 충분하다. 산소를 운반하는 적혈구에는 산소가 꽉꽉 차 있다. 전문용어로는 '산소 포화도가 100퍼센트'라고 한다. 하지만 호흡이 가쁘면 이산화탄소 농도가 낮아진다. 혈액 속에는 일정

량의 이산화탄소가 순환되어야 하는데, 이산화탄소 농도가 너무 낮으면 뇌는 작은 혈관들을 짜부라뜨리거나 오그라들게 하는 것으로 대응한다. JT의 경우 혈류 감소가 그를 벼랑 끝으로 몰아세웠던 것이다. 가뭄으로 인해 마른 꽃밭처럼, 그의 말라붙은 뉴런들이 불안정해지고 전기 신호를 일으키지 못하게 되었다. 혈관에 제때 물을 대면 말라붙은 뉴런들은 다시 싱싱해진다. 우리 몸의 다른 기관들도 몇 시간 동안 혈류가 돌지 않으면 세포들이 죽게 될 수 있는데, 뉴런들은 몇 분 사이에 죽을 수 있다.

그래서 나는 JT와 부모님에게 다시 공황 발작이 일어나면 숨을 천천히 쉬고, 마음을 가라앉히는 게 가장 좋다고 말해 주었다. 그래야 뇌가 보호된다고 말이다.

JT의 어머니는 이 말을 미심쩍어했지만 아이는 그 이후로 이상이 없었다. 몇 달 동안 JT는 천천히 숨을 쉬는 법을 배워 불안을 누그러뜨렸다. 호흡을 관리하는 것은 뇌를 관리하는 것이다. 그리고 이것이 팔과 다리를 계속 움직이게 해준다.

🎈 괴짜 신경과학의 세계

마음 챙김 호흡법mindful breathing

모야모야병은 100만 명 중 하나 있을까 말까 한 희귀병이지만, 마음 챙김 호흡은 모야모야병을 앓는 사람만이 아니라 누구에게나 도움이 된다. 마음 챙김 명상의 뿌리는 석가모니가 처음 가르친 것으로, '바로 지금, 이 순간here and now'에 정신을 집중하는 것이다. 이 호흡법은 정신뿐만 아니라 몸에도 효과가 있다. 구조적, 생리적, 기능적으로 우리 뇌에 이익이라는 말이다.(마음 챙김 호흡에 관해 신경과학에서는 자유 호흡 속도에 맞춰 호흡한다고 표현한다.)

《뉴로이미지Neuroimage》에 게재된 마음 챙김 호흡법이 뇌에 미치는 놀라운 효과 하나를 소개하겠다.[1] 뮌헨의 연구자들은 26명의 사람들에게 2주간 마음 챙김 호흡법을 훈련하게 한 뒤 MRI로 뇌 기능을 검사했다. 참가자들은 일반적인 호흡 혹은 마음 챙김 호흡을 하는 동안 불안감과 같은 감정적 동요를 일으키는 사진들을 보았다. 그 결과 마음 챙김 호흡을 하는 동안에는 강한 감정을 처리하는 영역인 편도체와 뇌의 주요 실행 기관인 전전두피질 사이의 연접 부위들이 강화되었다. 이를 본 연구자들은 전두엽이 부정적인 감정을 억제하는 데 마음 챙김 호흡이 도움이 된다는 결론을 내렸다.

또 다른 연구 하나를 더 소개하겠다. 오리건대학교의 마이클 포즈너Michael Posner와 이위안 탕Yi-Yuan Tang은 마음 챙김 호흡법에 방점을 둔 심신 통합 훈련인 명상법을 연구했다. 첫 번째 실험에서, 11일 동안 마음 챙김 호흡 훈련을 한 사람들은 전대상회ACC,anterior cingulate cortex에서 나오는 백질의 연접 부위들이 많아지는 것으로 나타났다.[2] 전두엽 바로 뒤에 있는 전대상회는 혈압과 심박수를 조절하는 데 도움을 주며, 의사 결정, 충동 조절, 심지어 윤리와 밀접한 관련을 맺고 있는 영역이다. 두 번째 실험에서, 포스너와 탕은 2주간의 과정 중 단 5시간 훈련을 받은 사람들에게서도 전측대상회 안 뉴런의 가지들이 많아졌음을 발견했다. 6시간의 추가 훈련을 하자 뉴런들의 미엘린화 myelinization가 진행되었다.

JT 이야기로 돌아가기 전에 마지막으로 한 가지 연구를 더 소개하겠다.(신경과학계의 판도를 바꾸어 놓은 연구다!). 호프스트라 노스웰의과 대학Hofstra Northwell School of Medicine의 신경외과 주도 아래 시행된 연구로, 2018년 《신경생리학회지Journal of Neurophysiology》에 「뇌간을 넘어선 호흡: 인간의 의식적 통제와 집중적 조절Breathing Above the Brain Stem: Volitional Control and Attentional Modulation in Humans」이라는 제목으로 게재되었다.[3] 이 연구는 조심스럽게 호흡 속도를 조절한 마음 챙김 호흡과, 일상적이고 규칙적으로 하는 호흡을 비교했다. 호흡하는 동안 뇌의 각기 다른 부분들에서 나오는 전기 신호 패턴을 EEG(두피 표면에서 오는 신호를 읽는 일반적인 EEG는 물론 침습적 EEG도 포함)로 측정한 것이다.(조사 대상자들은 입원 중인 간질 환자들로, 발작을 유발하는 비정상적인 전기 신호가 어디에서 유래하는지 찾기 위해 연구자들은 환자들의 뇌에 직접 EEG를 삽입해 관찰하는 검사를 했다. 이로 인해 입원 기간이 늘어나자 지루함을 느낀 환자 중 많은 수가 명상 호흡 같은 활동에 기꺼이 참여하게 되었는데, 그리하여 뇌 활동과 관계된 직접적인 수치들을 제공하게 되었다.)

호흡하는 동안 뇌의 여러 영역에서 신호들이 발생하는데, 이 신호들은 정상 호흡을 할 때보다 느리면서도 통제된 호흡을 하는 동안에 서로 더욱 잘 동조됐다. 따라서 연구자들은 이런 결론을 내렸다. "우리의 발견은 호흡이 뉴런의 활동을 촉진하는 역할을 한다는 점을 암시하고, 호흡으로 인해 신경 활동이 동기화되는 현상의 중요성과 내적 감각수용적 주의집중의 신경 메커니즘을 이해하는 데 도움을 주고 있다.('내적 감각 수용'이란 자신의 육체와 육체가 작동하는 것을 감각한다는 의미로, 흔히 '육감'을 의미한다.) "

이 연구는 호흡 속도를 의식적으로 조절해 마음을 가라앉히는 것 즉 마음 챙김 호흡의 효과에 관한 신경생리학적 증거라 할 수 있다.

놀라운 일

JT에게 마음 챙김 호흡은 한동안 도움이 되었지만, 이것이 만병통치약은 아니었다. 1년쯤 후에 혈관 조영술을 하자 죽어가는 뇌 조직이 점점이 보였고, 연기처럼 뭉글뭉글한 혈관 몇 줄기에서 피가 새어나가고 있었다. 이제 필요한 치료는 하나였다. 뇌 오른쪽으로 들어가는 더 큰 혈관망을 새로이 구축하는 것이었다.

내가 수술을 집도했다. 뇌경막동맥근간접문합술encephalo-duro-arterio-myo-synangiosis이라는 수술이었다. JT의 머리카락을 밀고 두피를 절개해 뒤집어 놓고 나서, 나는 위턱으로 연결되는 관자근을 꺼냈다. 선글라스를 꼈을 때 선글라스 다리가 놓이는 곳 아래쪽, 귀 위에 있는 근육으로, 음식을 씹을 때 얼굴에서 움직이는 부분이다. 나는 귀 위쪽으로 두개골에 박힌 관자근 한쪽 끝은 놔둔 채, 느슨해진 다른 한 끝을 미리 두개골 안에 해둔 표시를 따라 슬쩍 놓아두었다. 여기가 흥미로운 부분이다. 나는 반질반질한 하얀색 뇌 표면에―그러니까 두개골 안에!―자리한 그 붉고 뚱뚱한 근육을 그 자리에 그냥 놓아두고,

두피를 봉합했다. 그 근육에서 나오는 혈관들을 뇌의 혈관들에 연결하지 않은 채 말이다. 하지만 이는 꼭 필요한 일이었다.

왜 그랬을까? 그다음 몇 달에 걸쳐서, 바싹 마른 뉴런들에서 혈관 성장 인자들이 방출되고, 이 성장 인자들의 꾐으로 새로운 혈관들이 그 '고깃덩어리'에서 뻗어 나와서 필요한 부위로 곧장 자라나갈 것이기 때문이다. 뇌는 자기에게 필요한 자리로 혈관이 나오도록 꾄다. 그리고 뇌의 이런 능력이 JT를 치유하게 될 것이었다.

외과 의사들은 내가 "간접문합술을 했다"라고 말할 것이다.

하지만 나는 JT가 "호흡을 했다"라고 말하고 싶다.

🧠 두뇌 운동

마음 챙김 호흡을 하는 법

여기에서 마음 챙김 호흡법을 소개해 보겠다. 어딘가 조용한 곳에 앉아서, 10분에서 15분 동안, 방해받지 않도록 최선을 다하면서 자신의 호흡에만 주의를 집중하라.

천천히 코로 숨을 들이마시며 넷을 세라.
폐에 숨을 가득 채운 뒤 숨을 멈추고 넷을 세라.
천천히 입으로 숨을 내쉬면서 넷을 세라.
다시 천천히 숨을 들이마시며 넷을 세라.

이 과정을 반복한다. 쉽지 않은가? 호흡법은 이게 전부이다. 시간을 들이고 연습할수록 더 쉽게 할 수 있을 것이다. 하지만 그다음 단계, 즉 지금 이루어지고 있는 활동에만 주의를 집중하는 단계(명상)는 정신을 흐트러뜨리는 대상에서 생각을 분리해야 하므로 의외로 힘들다.

그래서 많은 사람이 마음 챙김 명상 수업에 등록하는 것이다. 마음 챙김 호흡을 최대한 활용하고 싶다면 동네에 관련 수업이나 개인 교습을 하는 곳이 있는지 찾아보길 권한다. 그런데 대부분의 마음 챙김 수업은 어떤 프로그램의 일부로 포함되어 있기 일쑤다. 대개 요가 수업 등과 한 프로그램으로 묶인 경우가 많다.

그 대신 다른 쉽고 저렴한 방법도 있다. 인터넷은 대개 질 나쁘고 부적절하고 위험하기까지 한 의학 정보가 넘쳐나긴 하지만, 명상과 호흡에 관한 애플리케이션이나 유튜브가 실제로 문제를 일으킬 일은 거의 없다. 유튜브에는 수백 편의 무료 동영상이 올라와 있고 애플리케이션도 수십 가지나 된다. 수업과 애플리케이션이 시작하기에 가장 좋은 방법이기는 하지만, 궁극적으로 명상은 깊이 있는 개인적 여정이며 고독 속에 들어앉아 있어야 하는 일임을 잊지 말자.

🧠 뇌, 딱 걸렸어 ─────────────────

명상 사업

2,500년도 더 된 역사를 자랑하는 동양의 명상법은 호흡을 통해 물질주의에 대한 욕망을 줄이고 내면에 집중할 수 있게 하는 힘을 지녔다

고 홍보한다. 오늘날, 명상법은 시장 규모가 수십억 달러에 이르는 하나의 산업이다. 육체와 정신 모두에 이로운 이 활동은 이제 온라인 다운로드 패키지 상품으로 팔리고 있다. 바야흐로 '디지털 열반'의 시대가 도래한 것이다! 뇌가 있는 사람이라면 누구나 스스로 마음 챙김 전문가로 등록할 수 있게 된 이후로 관련 전문가들도 기하급수적으로 늘었다.

내가 하고 싶은 조언은, 가능하다면 몇 군데의 웹사이트나 애플리케이션, 혹은 수업을 살펴보면서 전체적인 틀을 배우고 몇 가지 유용한 조언을 얻어내라는 것이다. 마음 챙김을 배우고자 하는 본능을 한 구석에 치워두지 마라. 하지만 이와 관련해 뭔가를 사야 한다거나 값비싼 수업에 등록해야 한다는 강박관념에서 벗어나라. 무엇보다 우리가 명상을 통해 배워야 할 것은, 인생에서 가장 좋은 것들 몇 가지는 공짜라는 점이다.

여러분이 무엇을 생각하느냐는 여러분 스스로에게 달렸으니, 내면에 있는 좋은 생각들을 보호하고 키우길 바란다.

8.
뇌 손상을 다루는 법

2002년에 나는 샌디에이고에 있는 외상센터에서 레지던트로 일하고 있었다. 한 해의 마지막 날 자정, 어리석고 무책임한 사람들이 새해를 기념한답시고 하늘을 향해 총을 쏘아 올린 바람에 심각한 뇌 외상을 입은 환자들이 무더기로 실려 왔다. 총알들이 비처럼 쏟아져 내려 많은 사람이 죽고 다쳤다.

"총기 없는 세상Bullet-Free Sky" 같은 지역 공공 캠페인 덕분에 총기 문제가 예전보다는 줄었다는 말이 무색하게도, 그때는 희생자들을 싣고 온 구급차들로 완전히 아수라장이었다. 나중에는 요양병원에까지 환자들이 들어찼다.

구급대가 머리에 총상을 입은 사람을 데리고 올 때는 대개 미리 우리에게 전화를 걸어서 환자의 상태를 말해준다. 그러면 우리는 6명이 한 팀을 이루어 대기한다.(대개 외상외과 의사 1명, 마취과 의사 1명, 방사선사 1명, 간호사 2명, 나 같은 타과 전문외과 의사 1명으로 이루어진다.)

그날 밤, 30대 후반의 한 남성 환자가 혼자 들어왔다. 밤 12시 30분이었고, 테오라는 이름의 그 남성은 자신이 사는 인근 해변 마을에서 병원까지 손수 차를 몰고 왔다. 그러고는 응급실 접수대로 걸어 들어와서 돌에 맞은 것 같은데, 별이 보였다고 했다. 몸 상태는 괜찮은 것 같다고 스스로 말했으며 침착해 보였다. 하지만 접수계 직원은 그의 이마 꼭대기에 동전만 한 크기의 구멍이 나 있고, 거기에서 하얀 치약 같은 것이 흘러나오는 모습을 보았다.(그건 전두엽 백질이었으니까 맞는 말이다.)

접수계 직원은 즉시 간호사를 호출해 우리 팀에 연락하게 했다. 테오는 이동 침대로 옮겨져 급히 외상센터로 들어와 나와 만났다. 이마에 난 사입구 주변으로 피부가 찢어져 있었지만, 총알을 맞았다면 응당 있어야 할 그을린 자국이 없었다. 그는 자기 이름, 그날 날짜, 자신이 어디 있는지 명확히 인지했다. 전두엽 손상으로 인한 성격 변화의 징후도 보이지 않았다. 테오의 의식은 멀쩡했다.

두개골 뒤에도 상처가 하나도 없었으며, 사출구 역시 없었다. 나는 몇 가지를 생각했다. 첫째, 위험한 일이 벌어지고 있다. 그러니까 총알은 지금 그의 머리 속 어딘가에 있다는 건데, 대체 어디를 손상시킨 걸까? 나는 출혈이 일어나고 있는지 알아보려고 그를 CT(컴퓨터단층촬영) 검사실로 보냈다.

최악의 상황은 "말하면서 죽는 것"이었다. 이 사례는 2009년에 배우 나타샤 리처드슨을 비극적 죽음에 이르게 했다. 나타샤는 캐나다의 한 스키장에서 넘어져 머리를 부딪혔는데, 처음에는 의식이 명료했다고 한다. 그런데 낙상한 지 6시간이 지나서 구급차로 병원에 실려 왔고, 결국 사망에 이르렀다.

테오의 뇌에는 아직 거대한 혈전은 없었다. 만일 있었더라면, 우리가 그에게 신상을 물어볼 수도 없었을 것이다. 작은 것 하나를 놓쳐서 그것이 나중에 펑 터지게 되는 상황을 나는 원치 않았다. 철저해야 했다. CT 결과를 보니, 총알이 우뇌를 지나며 가느다란 길을 만들어 놓은 게 보였다. 부드러운 회질과 백질이 저항 한번 못 하는 사이에 총알이 요동치며 안으로 파고들어 가 목 위쪽 10센티미터 지점에 있는 두개골에 박혀 있었다. 그리고 골프공 크기의 혈전이 두 곳에서 발견되었는데, 하나는 이마 안쪽 우측 전두엽에, 다른 하나는 뒤통수 우측 후두엽에 있었다. 찢어진 혈관들이 스스로 붙지 않는다면 혈전이 커질 것이었다. 그 경우에는 뇌 수술이 필요해진다. 우리는 몇 시간 더 지켜보기로 했다.

다음 CT를 찍자 불행하게도 두 개의 혈전이 더 커져 있었다. 나는 테오를 계속 지켜보았다. 그리고 그의 뇌에 들어앉아 있는 불안정한 녀석들에 대해 이야기해 주었다. 이 혈전들이 시간이 지나면 그를 혼수상태에 빠뜨리고 뇌사 상태에 이르게 할 것이라고 말이다. 우리는 수술의 위험과 이득, 다른 대안에 관해 이야기를 나누었다. 뇌 손상을 입은 상태에서조차 그는 수술동의서를 쓸 만큼 의식이 명료했다.

나는 수술실에 연락했다. "응급 개두술 합니다." 곧바로 간호사, 마취과 의사, 보조원 들이 준비를 마쳤다.

집중치료실에서 수술실로 옮겨지는 동안 테오가 재채기를 했다. 뇌가 그의 이마에서 분사되듯 뿜어져 나왔다. 재채기가 그의 머리뼈 안쪽의 압력을 높여 혈전이 더 커져버렸고, 이제 그의 뇌는 머리뼈 안의 압력을 낮출 방법을 찾고 있었다. 액화된 뇌가 딱딱한 감옥에서 대기 중으로 탈출한 것이었다. 이 남자는 벼랑 끝에 선 상태였다. 곧 '말하면서 죽게' 될지도 몰랐다.

테오를 마취한 후, 머리카락을 순식간에 밀었다. 그의 인생을 통틀어 가장 빠른 속도로 받은 이발일 것이다. 그런 뒤에 나는 잽싸게 그의 두피를 두개골까지 갈랐다. 피부와 혈관을 지지는 전기 소작기는 최대치로 맞춰졌고, 두개골 표면에서 전원을 켜자 작은 불꽃이 사방으로 튀었다. 드릴의 맹렬한 움직임 아래 그의 두개골이 열렸다. 뇌는 터질 듯 팽팽해져 있었다. 나는 그의 오른쪽 전두엽 안에 핏덩이를 감추고 있는 얇은 피질막에 구멍을 내고, 커다란 흡인기로 혈전 중앙으로 곧장 세게 찔러 들어갔다.

거대한 핏덩어리들과 파괴된 뇌가 빨려 들어왔다. 무시무시한 속도로 다 빨려들었다. 이 부분의 뇌 손상은 회복될 수 없는 종류의 것이었다. 수플레 김이 빠지듯 즉시 그의 전두엽이 푹 꺼졌다. 두개골 안쪽에서 더는 압력이 상승하지 않았다.

이제 재간을 부릴 때였다. 나는 불타오르는 듯한 붉은 혈전과 진줏빛 뇌 사이의 연약한 경계를 살살 조심스럽게 다루었다. 엉겨 붙은 핏자국들을 모조리 제거하는 데 집착했다가는 수백만 개의 뇌세포를 잃게 할 위험이 있었다.

혈전을 빼낸 자리에 남은 분화구에 대해서도 그 주변 혈관들을 조심스럽게 소작기로 지지고, 정제수로 그 구멍을 채웠다.

"발살바(Valsalva, 코와 입을 막은 상태에서 배에 힘을 주면서 강하게 숨을 내쉬려는 방법-옮긴이)요." 나는 마취과 의사에게 말했다.

마취과 의사가 인공 호흡기를 조정했고, 테오는 다시 재채기했다. 그러자 두개 안의 압력이 다시 높아졌다. 내가 소작한 혈관들이 이 시험을 잘 견디는지 확인해 보기 위해서였다. 아무 문제 없었다. 정제수는 조금도 요동치지 않았다. 피도 나오지 않는 것을 확인하고 나는 뇌와 두개골을 닫았다. 그리고 이마의 동전 크기만 한 사입구에 작은 철망 조각을 덧대 놓았다.

밤이 흐르고 새벽이 밝아왔다. 후두엽 상태는 더 지켜봐야 했다. 두 혈전과 총알 모두 테오의 두개골 뒤쪽에 자리 잡고 있었던지라, 우리는 그의 몸을 돌려 눕혔다. 나는 가로세로 8센티미터짜리 둥글린 사각 모양으로 두개골에 구멍을 뚫었다. 그놈은 그곳에 있었다. 총알 말이다. 뼈 바로 밑에 그놈이 웅크리고 있었다. 그 자리의 뼈는 집게손가락 두께로 두개골에서 가장 두꺼운 부위였다. 나는 수술용 끌로 총알을 파내고, 그 아래 혈전을 흡입하고, 머리를 닫았다. 6일 후, 테오는 집으로 돌아갔다.

테오의 수술로 새해 첫날의 절반을 날려 보내던 그 순간까지, 나는 테오처럼 총상을 입고도 정신이 멀쩡한 상태를 유지할 수 있다는 것과 누군가가 그런 총상에서 살아남을 수 있다는 것을 절대 상상할 수가 없었다. 몇 개월 후에 테오는 손수 차를 몰고 병원에 왔다. 검사 결과 그의 뇌는 몇몇 부분에서 조직이 사라지고 없었다. 다시 재생되지 않았던 것이다(앞으로도 재생되지 않을 것이다). 하지만 회복 탄력성이 있는 남은 뇌로 충분할 것이었다. 테오의 경과가 좋아지고 있다는 점이 가장 중요했다. 그는 좌측 주변 시야가 약간 손실되었을 뿐 그 외에는 완전히 회복되었다. 테오는 뇌에 총상을 입고도 살아남아서 계속 생을 지속하고 있다.

그에게 특별히 행운이 따른 것일까? 확실히 그렇긴 하다. 그로부터 몇 년 후에 테오와 비슷한 환자들의 예후를 조사한 최초의 연구가 이루어졌는데, 테오 같은 사례가 그렇게 희귀한 것은 아니었다. 머리에 총상을 입은 사람의 42퍼센트가 살아남았고, 6개월 안에 퇴원할 만큼 상태가 좋아졌다. 그중 얼마나 되는 사람들이 테오처럼 잘 회복되었을지는 미심쩍지만, 이는 여전히 신경외과 의사로서 놀라운 일이다.

물론 여러분이 총상을 입을 확률은 의식 손상 혹은 여타의 머리 손상을 입을 확률에 비해 엄청나게 낮다. 미 질병통제예방센터에 따르면 미국에서는 매년 약 280만 명의 사람들이 외상성 뇌 손상으로 인해 병원에서 죽음을 맞는다. 그중 약 절반이 추락으로 인한 것이고, 3분의 1은 자동차 사고로 인한 것이다. 최근에는 스포츠 경기를 하다 일으킨 뇌진탕으로 인해 사망하는 수가 늘고 있다. 특히나 첫 번째 뇌진탕에서 회복되기 전에 두 번째 뇌진탕이 일어날 경우 사망 확률이 높다.

🌿 괴짜 신경과학의 세계

나는 계속 아픈데 그게 '기분 탓'이라고?

드문 경우지만, 뇌진탕의 후유증은 몇 달 동안 이어질 수도 있다. 연구자들을 혼란스럽게 만드는 후유증은 두드러진 기분 변화, 집중력 저하, 피로감, 어지럼증 등의 문제들이 몇 년 동안 계속해서 나타나는 것이다.

불행하게도 어떤 의사들은 이런 증상들을 무시하기도 한다. "기분 탓입니다"라거나, "딱히 문제는 없습니다. 그래서 해 드릴 게 없어요"라고 말한다. 하지만 여러 연구에서 발견된 바로는 뇌진탕을 겪은 환자들 일부는 후유증으로 고통받는다. 그들에게는 무슨 일이 벌어지고 있는 걸까?

이런 장기 후유증을 앓는 환자들을 도우려면 그들에게 기능성 질환이 있음을 이해해야 한다. 뇌에 가시적이고 영구적인 손상이 있든 없든, 뇌가 기능하는 방식이 바뀌었음을 말이다.

"특정한 원인을 찾을 수 없는 어지럼증이나 그 외 다른 증상들은 환자가 만들어낸 것이 아닙니다." 애리조나주 피닉스의 세인트조세프병원Dignity Health St. Joseph's Hospital의 배로 신경학연구소Barrow Neurological Institute의 테리 파이프Terry Fife 박사는 이렇게 말한다. "어쩌면 환자들은 그 증상으로 인해 심각한 불편을 겪고 있을 수도 있어요. 그런 증상에는 이따금 약이 효과를 발휘하기도 합니다." 이 약들은 대부분 항우울제다.[1]

존 스톤Jon Stone 박사는 영국 에든버러대학교 뇌질환센터에서 Center for Clinical Brain Sciences 기능 장애를 전문으로 맡고 있는데, 기능 장애는 특정한 종류의 손상으로 인해 일어난다면서 이렇게 말한다. "환자는 회복되거나 좋아지지 않고 계속 그 증상으로 고통받습니다."

여러분이나 지인이 가벼운 머리 손상을 입은 것 같은데도 몇 주나

몇 달 동안 계속 후유증으로 고생한다면, 뇌 손상이나 뇌진탕 전문의를 찾아가 도움을 받아보도록 하라. 관련 병원이 인근에 없다면 물리치료사나 작업치료사를 찾아가 보라. 서서히 원래 상태로 돌아가는 데 도움이 될 것이다. 우울증이나 정신 착란 같은 기분으로 고통스럽다면 심리학자나 정신건강 전문가를 찾아가는 것도 고려해 보라.

2차, 3차 뇌진탕의 위험

미식축구, 축구, 복싱, 하키 등의 스포츠 경기에서는 선수들이 머리를 여러 번 가격당하곤 한다. 이런 충격은 때때로 성격, 기억, 사고 변화가 따르는 영구적인 뇌 손상을 유발한다.

만성 외상성 뇌 질환chronic traumatic encephalopathy(이하 CTE)은 이런 반복적인 뇌진탕으로 인한 손상을 가리키는 의학 용어다. 기본적인 뇌 MRI 검사로는 추적이 안 돼 환자가 사망에 이른 뒤에야 진단이 내려지는 경우가 많다. 부검할 때나 되어서야 병리학자들이 손상된 뇌 조직을 보게 되는 것이다.

보스턴대학교의 CTE센터는 '뇌 은행'을 설립하여 CTE 증상을 보였던 전직 운동선수들의 뇌를 기증받아 관리하고 있다. 이곳은 현재 425개의 뇌를 보관하고 있으며, 2017년 전직 프로·아마추어 미식축구 선수들에 관한 연구를 발표했다.[2] 이 연구에 따르면, 111명의 NFL(미 프로풋볼리그) 선수들 중 한 사람의 뇌만 제외하고 모두 심각한 CTE 징후를 보였다. 진지하게 고려해 봐야 할 소름 끼치는 결과가 아닐 수 없다. 하지만 가장 염두에 둘 점은 이 연구 결과가 뇌 손상으로 인한 성격 및 정신적 변화를 드러낸 전직 선수들과만 관련 있다는 사실이다. 이 연구 표본은 NFL 선수들 중에서 무작위로 뽑은 것이 아니며, 선수들 대부분은 뇌진탕 경험이 있음에도 성격 및 정신적 변화를 드러내지 않았다.

한편 이 연구에서는 NFL 근처에도 가본 적 없는 미식축구 선수들의 뇌는 광범위한 손상을 입은 경우가 훨씬 적다는 사실도 나타났다. 전 고교 대표 선수들 14명 중 단 3명만이 뇌 부검에서 CTE를 보였다. 심지어 이들의 뇌는 본인 혹은 가족이 CTE를 의심하여 특별히 기부된 것이었음에도 말이다.

이와 관련해 미 질병통제예방센터는 전직 NFL 선수들을 훨씬 더 대표성 있는 그림으로 그려냈다. 이 연구에서, 1959년부터 1988년 사이에 최소 다섯 시즌 이상을 뛴 선수 3,439명은 어떤 원인에서든 사망률이 미국 평균의 절반밖에 되지 않았다. 2007년까지 은퇴한 선수 중 334명만이 사망했고, 그들 중 2명만이 치매를 앓다 사망했다.[3] 이와 비교하여 암으로 사망한 사람은 85명, 심장 질환으로 사망한 사람은 126명이었다.

CTE는 무서운 질병이다. 이 병은 정신을 파괴하고, 삶을 망가뜨린다. 하지만 최근 매스컴들은 미식축구 선수가 전부—그리고 뇌진탕을 경험한 누구든—뇌 손상을 겪는다는 잘못된 인상을 전파하고 있다. 이것은 진실이 아니다.

CTE에 관한 과장은 비극적 결과를 일으킬 수 있다. 2016년에 전

직 NHL(북미 아이스하키리그) 선수 토드 이언Todd Ewen은 자신이 CTE
라고 확신하기 시작했다. 몇 년 동안 우울증으로 고통받던 그는 46세
의 나이로 자살하고 말았다.

"동료 선수가 CTE라고 알려진 이후로 토드는 늘 이렇게 말했어
요. '그들이 CTE였다면, 나도 CTE야.'" 캐나다 뇌진탕센터Canadian
Concussion Centre에서 발표한 성명서에서 그의 부인 켈리는 이렇게 말
했다. "토드는 앞으로 퇴행성 질환을 앓게 될 거라고 생각했고, 그것
으로 인해 인생의 질이 떨어지고 자신이 가족의 짐이 될까 봐 두려워
했어요."

하지만 부검 결과 이언의 뇌에서는 CTE와 관련된 뇌 손상의 물리
적 징후는 나타나지 않았다.[4]

🧠 뇌, 딱 걸렸어

뇌진탕에 관한 세 가지 잘못된 믿음

뇌진탕에 관한 일반적인 오해 세 가지가 있다.

먼저, 여러분이 카펫에 발이 걸려 넘어져 머리를 테이블 모서리에 찧
었는데 그 과정에서 이마가 조금 찢어졌다면, 뇌진탕이 일어난 것일까?
반드시 그런 것은 아니다. 피를 흘렸든 흘리지 않았든, 혹은 겉으로 드
러난 머리 상처가 있든 없든, 이는 뇌진탕 진단과는 특별히 관련이 없
다. 심지어 MRI나 CT 검사를 해보아도 보통은 뇌에 아무 이상이 없는
경우가 많다.

대중에게 잘못 알려진 두 번째 믿음은, 뇌진탕이라면 잠깐 정신을 잃게 된다는 오해다. 이는 사실이 아니다! 많은 경우 뇌진탕을 일으킨 순간에도 정신이 말똥말똥하다. 그렇다면, 물리적 상처가 나지 않았거나 정신을 잃지도 않았는데 어떻게 뇌진탕을 진단할 수 있을까?

뇌진탕을 진단하는 유일무이한 요소가 있다. 머리를 가격당한 후 즉시 혹은 몇 시간 안에 정신적 기능 변화가 수반된다는 사실이다. 당사자는 어지럼증, 착란, 메스꺼움을 느낄 수 있고, 두통을 겪을 수도 있다. 말하고, 걷고, 기억하고, 똑바로 사고하고, 의사 결정을 내리고, 근육의 협조가 필요한 어떤 일을 할 수 없게 되기도 한다. 눈이 갑자기 빛에 민감해질 수도 있다. 구토를 할 수도 있고, 귀에서 이명이 들릴 수도 있으며, 시각 장애가 일어날 수도 있다.

단 한 번의 머리 부상으로 사망에 이르는 경우는 드물다. 그런데 뇌진탕에 관한 잘못된 믿음 때문에 많은 사람이 오해하고 있다. 거듭된 뇌진탕으로 인해 영구 장애를 입게 된 프로 운동선수의 고난에 매스컴이 주목하면서, 많은 사람이 '단 한 번'의 뇌진탕으로도 뇌에 영구적인 손상을 입을 수 있다는 생각을 하게 된 것 같다. 실상 뇌진탕은 정신 기능에 지속적인 영향을 미치지 않는 경우가 더 많다. 대부분 며칠 혹은 몇 주 만에 괜찮아지며, 정신적 장애나 감정적 장애를 나타내지 않는다.

미식축구 선수 및 다른 운동 선수 들이 처한 진짜 위험

은퇴한 전 프로 미식축구 선수들의 CTE에 매스컴이 주목하면서 많은 부모가 자녀가 미식축구를 하는 걸 반대하게 되었다. 이 병에 관해 처음으로 묘사한 병리학자 베넷 오말루Bennet Omalu는 18세 이하의 청소년에게 미식축구 경기를 허락하는 것은 '아동 학대'라고 말하기까지 했다.[5] 이 관점은 과장된 측면이 있다. 사실은 미식축구보다 축구에서 뇌진탕이 더 많이 일어난다. 캐나다 몬트리올의 맥길대학교 연구진들은 캐나다의 축구 선수 46퍼센트가 한 시즌에 한 번쯤 뇌진탕을 겪는다고 밝혔는데, 이와 비교해 미식축구 선수는 34퍼센트에 불과했다.[6] 중요한 건 뇌진탕을 한 번 경험한 축구 선수와 미식축구 선수 들은 대부분 같은 시즌 동안 두 번째 뇌진탕을 겪었다는 사실이다.

두 번째 뇌진탕은 분명히 우려되는 일이다. 한 차례의 뇌진탕을 겪은 사람은 대부분 장기적인 손상 없이 회복됐지만, 첫 번째 뇌진탕에서 회복되기 전에 두 번째 뇌진탕을 겪은 사람들은 CTE로 발전할 위험이 증가했다. 무엇보다도 이 병을 '만성' 외상성 뇌 질환이라고 부르는 이유가 다수의 뇌진탕으로 인해 유발된 질환이기 때문이다.

신체 접촉이 있는 스포츠에 자녀를 참가시킬지 말지를 결정할 때 이러한 진실을 알아두라. 복싱도 뇌에 안전하다고 말할 수 없다. 선수끼리 접촉이 이루어지는 스포츠라면 모두 미식축구만큼이나 위험하다.

여러분의 자녀가 미식축구, 하키, 혹은 축구를 하게 두고 싶다면 그건 부모로서의 선택이다. 하지만 아이들이 뇌진탕을 겪었다면, 종목을 바꿀 것을 고려해 보라고 말하고 싶다.

뇌진탕에서 회복되는 가장 좋은 방법

뇌진탕에서 회복되는 첫 번째 규칙은 분명하다. 바로 두 번째 뇌진탕을 겪지 않는 것이다. 특히 첫 번째 뇌진탕의 증상들이 모두 사라질 때까지 두 번째 뇌진탕을 유발할 수 있는 활동들은 반드시 피해야 한다. 곧바로 두 번째 뇌진탕이 연이어 일어난다면, 그것은 장기적인 뇌 손상으로 발전할 위험이 있다.

이걸 한마디로 한다면, "감독, 저 선수 경기장으로 돌려보내지 마십시오!"이다.

만약 뇌진탕을 일으켰다면 얼마나, 어떻게 쉬어야 하는 걸까? 의학계 일부와 몇몇 병원은 '완전한' 휴식을 취할 것을 권한다. 이런 말은 여러분들도 건강 관련 웹사이트에서 수십 번 봤을 것이다. 이들은 한 주혹은 그 이상의 기간 동안 모든 신체적, 정신적 활동을 피해야 한다고 말한다. 그리고 '인지적 휴식cognitive rest'이 반드시 필요하다고 말할 것이다. 다시 말해 독서, 과제, 업무, 비디오 게임, 문자 메시지 보내기, 이메일 작성, 웹 서핑, SNS까지 몽땅 다 하지 말라는 말이다. 심지어 선글라스를 끼고 어두운 방에서, 침대에 누워 말 그대로 아무것도 하지 말라고까지 주장한다. '고치 속의 애벌레 요법cocoon therapy'이라는 건데, 내가 보기에 허무맹랑하기 그지없다. 이런 요법은 실제로 해롭기까지 하다.

2015년에 《소아과학회Pediatrics》에 실린 연구 하나는, 11세에서

22세 사이의 사람들을 대상으로 뇌진탕 후 엄격한 휴식을 취하는 게 이득이 되는지 조사했다.[7] 연구 결과, 엄격한 휴식을 지시받은 참가자들은 그냥 편안하게 쉬라는 말을 들은 사람들보다 뇌진탕 후 10일 동안 뇌진탕 후유증을 더 많이 겪었다.

뇌가 정상적으로 기능하기 위해서는 자극이 있어야 한다. 우리는 수십 년간 이루어진 연구들을 통해 '풍요로운' 환경이 인간을 비롯한 동물의 뇌를 발달시키며, '빈약한' 환경이 뇌세포를 죽인다는 사실을 알고 있다. 빈약한 환경은 아동들을 영구적 인지 장애로 이끌 수도 있다. 그러니 아이가 머리를 한 대 맞았을 때 일주일 동안 지하 감옥 같은 곳에 가둔 채로 쉬게 하는 방법은 최선이 아니다.

일련의 연구들에서는 최선의 결과를 내는 타협안을 도출했다. 뇌진탕을 겪은 젊은 사람들에게 최선은, 또 다른 손상을 일으킬 수 있는 활동은 피하되 적당한 신체적, 인지적 활동은 하는 것이다.

따라서 만약 여러분이 뇌진탕을 일으켰다면,

1. 의사를 찾아가라.

2. 최소한 며칠 동안 편안하게 쉬어라.

3. 고치 속에 틀어박히지는 마라. 문자 메시지 조금 한다고 뇌 손상이 일어나진 않는다.

9.
머리에 좋은 음식

"엘리베이터는 환자들을 위한 겁니다. 의사들은 계단을 이용하죠."

우크라이나 키예프에 있는 주립 로모다노프 신경외과연구소 Romodanov Neurosurgery Institute of the State Institution에서 일하는 드미트리 교수의 이 말은 나에게 상당히 강한 인상을 남겼다.

2004년 여름, 내가 공항에서 나오자 드미트리 교수가 우크라이나 어로 내 이름을 쓴 종이를 들고 기다리고 있었다. 당시에 나는 전 세계 개발도상국 의사들에게 나와 협력해 수술 기술을 발전시켜 보지 않겠느냐는 이메일을 보냈었다. 드미트리 교수는 내 메일에 회신한 의사 중 한 사람이었다. 샌디에이고에서 근무하던 나는 한 주간의 휴가를 이용해 우크라이나로 날아갔다.

나와 드미트리 박사는 공항에서 곧장 병원으로 갔다. 병원 외관은 수년 동안 방치돼 낡고 갈라진 전함 같았다. 그곳은 주립 병원이었는데, 가난한 사람들만이 오는 곳이었다. 우중충한 콘크리트 건물에 점점이 박힌 창문들이 열려 있었고, 늘어진 거미줄 뒤로 단색 커튼이 바람에 부풀어 올랐다. 그 모습이 마치 탱크를 레이스로 묶어 놓은 것처럼 보였다.

신경외과 연구소는 꼭대기 층이었다. 출입구로 들어가자 엘리베이터 한 대가 보여서 나는 올라가려고 버튼을 눌렀다.

"엘리베이터는 환자들을 위한 겁니다. 의사들은 계단을 이용하죠"라고 드미트리 교수가 말했다. 열려 있는 계단 문을 빠져나온 우리는 계단을 오르기 시작했다. 1층에는 복도로 난 방화문이 열려 있었다.

"저 문 안 닫습니까?" 내가 물었다.

"에어컨이 없어서요. 바람이 들어오게 열어둔 겁니다. 불이 나면…." 그가 눈썹을 치켜올리고, 어깨를 으쓱하더니, 계단을 계속 올랐다.

계단통은 음침했고 층마다 복도에 표백제와 비누 냄새가 떠다녔다. 그리고 은근히 감도는 냄새가 하나 더 있었다. 산부인과 병동에서 나는 양수 냄새였다. 멀리 집중치료실에서 기계 소리와 함께 알싸한 소독약 냄새도 풍겨 왔다. 병동은 피부를 소작할 때 나오는 연기로 뿌옇게 둘러싸여 있었다. 신경외과 입원 병동으로 발걸음을 옮기자 생소한 냄새가 났다. 세제, 등유, 약 냄새와 섞여 베이컨을 굽는 것 같은 냄새가 콧속으로 한꺼번에 밀려들어 왔다.

내가 드미트리 교수에게 놀란 표정을 지어 보이자, 그가 나를 복도로 이끌더니 오른편 첫 번째 병실로 향했다. 병실에는 병상이 여섯 개 있었는데, 모두 자리가 차 있었다. 아이들이 누워 있었다. 몇몇은 잠들어 있고, 몇몇은 앉아 있었다. 아이들이 너무나도 말라서, 처음에는 암 환자라고 생각했다. 아이들 엄마로 보이는 여성 중 두 명은 아이 옆에 누워 있었고, 나머지는 병실 한쪽에서 이야기를 나누며 작은 등유 버너 위에서 음식을 만들고 있었다. 한 버너에서는 물이 끓고 있었다. 철제 바늘과 유리 주사기를 소독하고 있는 것이었다. 또 다른 버너에서는 프라이팬 위에서 뭔가가 지글지글 끓고 있었다.

나는 교수에게 저게 뭐냐고 물었다.

"돼지 비계요." 그가 말했다.

그 말을 듣고 이해가 된 나는 조용히 그에게 입 모양으로 "간질인가요?"라고 물었다. 그가 고개를 끄덕였다.

저런 아이들에게는 지방, 지방, 오로지 지방으로 이루어진 식단을 먹인다. 100년도 더 전에 내과 의사들은 크림, 오일, 버터 등 지방으로 이루어진 식단이 간질을 앓는 아이들에게서 발작을 극적으로 감소시키거나 없애 줄 수 있음을 발견했다. 이 식이요법은 발작을 감소시키는 약 페노바비탈phenobarbital이 나오면서 뒤껼으로 밀려났지만, 1990년대에 약이 듣지 않을 때의 치료법으로서 다시 귀환했다.

우크라이나, 러시아, 기타 전 소련 연방국들에서는 이 식이요법이 인기를 잃은 적이 없다. 특히나 간질약을 사 먹일 형편이 되지 않는 가정에서는 늘 이 방법이 사용되었다. 어머니들은 아이 뇌에서 비정상적으로 전기 신호가 단절되는 증상을 안정시키기 위해 각자 엄마표 약을 만들고 있었다. 바싹 구운 돼지비계 같은 것 말이다.

케톤체 생성 식단ketongenic diet

간질을 앓는 아이들에게 적합한 식단은 20세기 초에 최초로 개발됐는데, 칼로리 90퍼센트를 지방에서 섭취하고, 단백질은 아주 적게, 탄수화물은 거의 섭취하지 않는 것이다. 그런데 왜 이 식단이 간질 발작을 감소시키는지는 지금까지 수수께끼다.

우리가 알고 있는 부분은 다음과 같다. 뉴런과 기타 세포는 탄수화물에서 나온 당인 포도당을 에너지로 사용한다. 탄수화물을 섭취하지 않거나 몸속에 저장된 탄수화물(보통 16시간 정도 저장된다)을 다 써 버리면, 간은 지방을 예비 에너지원인 케톤ketone으로 전환하기 시작한다. 아직 정확한 이유가 밝혀지지는 않았지만, 포도당이 아니라 케톤에서 에너지를 얻은 뉴런들은 흥분하거나 통제력을 잃고 발작을 일으키는 경향이 덜하다.

1950년대에 간질약이 사용되기 시작하면서 서구 사회에서 간질 치료법으로서 케톤체 생성 식단의 인기는 급격히 떨어졌는데, 1960년대 후반에 로버트 앳킨스Robert Atkins라는 의사가 체중 감량법에 케톤체 생성 식단을 접목시키면서 분위기가 반전됐다.(우리나라에서는 '황제 다이어트'라고도 불렸다-옮긴이) 1972년에 출간된 『앳킨스 박사의 다이어트 혁명Dr. Atkins' Diet Revolution』은 어마어마한 베스트셀러가 되었다. 지방이 반드시 피해야 할 악이라고 확신하는 의학적 기반이 확립되어 있었음에도 말이다.[1] 여전히 일부 사람들은 그의 식단을 따라 고지방, 고단백질, 저탄소화물 채소를 무제한으로 섭취한다.

나는 탄수화물 섭취를 제한하고 채소를 많이 먹는 방법은 지지한다. 하지만 지방과 단백질을 무제한 섭취하는 것은 추천할 수가 없다. 한 가지 문제가 다른 문제로 바뀔 뿐이기 때문이다. 칼로리 과잉과 나쁜 콜레스테롤 문제가 생긴다는 뜻이다. 그렇다면 뇌의 상태를 최상으로 유지하며 건강하게 나이 들고 싶다면 무엇을 먹어야 할지 알아보자.

마인드 식단MIND, Mediterranean-DASH Intervention for Neurodegenerative Delay diet

지중해식 식단과 DASH 식단을 결합한 일명 '마인드 식단'은 뇌 건강을 위해 특별히 고안된 것이다.(지중해식 식단은 과일과 채소, 올리브 오일, 통곡물과 생선 등을 주로 섭취하는 식단이며, DASHDietary Approaches to Stop Hypertension 식단은 과일과 채소, 통곡물, 기름기 없는 단백질과 저지방 유제품 위주로 염분 섭취를 줄이는 식단이다-옮긴이) 최근 연구들은 마인드 식단을 고수하는 것이 정신적 퇴행을 막아주고 인지 기능을 유지하는 데 도움을 준다고 말한다.[2] 한 연구는 마인드 식단을 지킨 사람들이 알츠하이머병에 걸릴 위험이 절반으로 감소했음을 보여주었다. 엄청난 일이다. 치매를 예방하는 약은 아직 개발되지 않았기 때문에, 당장은 마인드 식단이 우리가 따라야 할 유일한 방법일 수도 있다.

우리 가족은 마인드 식단을 시도해 보고 있다. 신선한 과일, 채소, 견과류, 생선, 닭고기를 많이 먹고 붉은 육류, 포화지방, 당류는 줄인다. 간단하고 맛있는 식단이다. 하지만 엄격하게 지키는 건 아니다. 나는 여러분들도 이 식단에서 오직 기본적인 지침들 정도만 사용하라고 말하고 싶다. 이따금 고기를 먹거나 기분 좋게 초콜릿을 먹어도 된다는 말이다.

마인드 식단은 키예프의 아이들이 불가피하게 따라야만 하는 케톤체 생성 식단과는 완전히 다르다. 보통 사람들에게는 지방만 섭취하는 것은 이상적이지 않다. 간헐적인 단식과 함께 마인드 식단을 행하면, 케톤이 뇌에 주는 이득을 똑같이 취할 수 있다.

간헐적 단식

아마도 세계의 주요 종교들 대부분에 단식 기간이 존재하는 데는 이유가 있을 것이다. 간헐적인 허기는 정신을 명료하게 하고, 감각을 일깨우고, 뇌가 더 잘 기능할 수 있게 해준다. 게다가 혈당, 인슐린 수치와 총 칼로리를 낮춰 체중 감소에도 도움이 된다. 사랑할 수밖에 없는 방법이다. 게다가 하루 중 일부분만 허기를 참으면 된다.

선사 시대의 선조들을 생각해 보라. 수렵 채집민들에게 어느 시기에는 풍족하게 먹었을 것이고, 어느 시기에는 극도의 기근이 몰려와 굶주렸을 것이다. 인류는 음식이 풍부한 시기와 부족한 시기를 번갈아 겪으며 살아남은 것이다. '팔레오 식단Paleo diet'이라는 게 있는데, 원시 시대 인류의 식단을 따라 육류를 많이 포함하지 않는 식단이다. 원시 시대 선조들은 며칠에서 몇 주는 들소나 멧돼지를 잡지 못하고 굶주린 채 잠들었을 테니 말이다.

실제로 극심한 배고픔으로 인한 고통에는 이점이 있다. 하루 동안 음식을 섭취하지 않고 지내면 우리 뇌의 천연성장인자natural growth factors가 증가하는데, 이 인자는 뉴런들의 생존과 성장을 돕는다. 진화 시스템이 우리의 신체와 뇌를 하이브리드 자동차처럼 최상의 상태로 기능하도록 디자인한 결과일 것이다. 최근《네이처 신경과학 리뷰 Nature Reviews Neuroscience》에 게재된 한 편의 논문은 다음과 같이 말한다. "포도당과 케톤 대사율 전환은 신경가소성neuroplasticity을 촉진하고 상처와 질병에 대한 뇌의 저항 능력을 키우는 다중 신호 경로에 좋은 영향을 준다."[3]

그렇다면 우리는 어떻게 해야 할까? 포도당이나 케톤을 과잉 섭취하지 말고, 식사 간격을 변화시켜 음식이 부족한 상태에서 신진대사가 이루어지게 두는 것이 좋다. 칼로리 제한이 인간을 포함한 동물의 수명 연장에 좋긴 하지만, 무조건 칼로리 제한 식단을 따르라는 말은 아니다. 하루 1,000칼로리 이하로 엄격한 칼로리 제한 식단을 하면 늘 허기에 시달리게 된다. 내 말은, 신체가 지방을 태울 수 있도록 일주일에 한 번 혹은 두 번 간헐적 단식을 유지하라는 것이다. 단식 기간 동안 케톤을 사용하게 되면 우리의 뇌가 계속 작동하게 될 뿐 아니라 적절하게 인지 능력이 향상되고, 뉴런들 사이의 연결 부위가 많아지며, 신경 퇴행이 저지된다.

나 역시 간헐적 단식법을 따르려고 노력한다. 여러분도 인지 상태를 최고조로 끌어올리고, 기분이 좋아지기를 바란다면 아래의 방법을 추천한다.

주 2회 간헐적 단식을 한다

내 목표는 한 번에 16시간 동안 음식을 계속 먹지 않는 간헐적 단식을 주 2회 하는 것이다. 단, 연달아 이틀을 하진 않는다. 방법은 아침과 점심을 건너뛰거나 점심과 저녁을 건너뛰면 된다. 잠자는 시간을 더하면 16시간을 채우기란 비교적 쉽다. 매주 월요일과 목요일에 나는 아침과 점심을 건너뛰고 저녁 한 끼를 먹는다. 어떤 음식이든 아내와 아들들이 먹는 것을 먹는다.

아침을 먹지 않는다

며칠만 아침 식사를 건너뛰라고 말하는 게 아니다. 거의 매일 아침 식사를 안 하는 방법도 있다. 어떤 사람들은 아침 식사가 하루 식사 중 가장 중요하다고 주장하는데, 이에 대한 정확한 과학적 증거는 없다. 내가 아침을 먹는 유일한 날은 이따금 아이들과 함께하는 주말뿐이다.

점심으로 샐러드를 먹는다

나는 탄수화물이 함유된 음식(샌드위치, 햄버거)을 거의 먹지 않는다. 보통 점심 식사로 샐러드를 먹는다. 솔직히 조금 힘들기는 하다.

야식을 먹지 않는다

나에게는 이건 정말 힘든 일인데, 특히 늦게까지 일을 한 날은 더욱더 그렇다. 하지만 지키려고 애쓴다.

이 방법들을 여러분 마음에 새겼으면 한다. 하지만 나는 극단주의자는 아니다. 자주 친구나 가족과 함께 외식하고, 식사 자리에 초대받으면 거기에 맞춰 먹는다. 하지만 간헐적 단식을 내 일상의 일부분으로 만들려고 노력한다. 수술이 있는 날에는 늦은 오후까지 아무것도 먹지 못하곤 한다. 커피 한 잔조차 마시지 못한다. 수술실에 들어가면 화장실에 갈 수도 없기 때문이다. 보통 수술실에서는 한 번도 쉬지 않고 8시간 동안 수술하곤 한다. 그런데 아무것도 먹지 못하면 몸을 움직이기가 힘들 것 같지만, 충분히 가능하며 신체 활동에도 문제가 없다. 나는 간헐적 단식이 적절한 적절한 긴장 상태를 유지해 준다는 걸 경험으로 알게 됐다.

💡 괴짜 신경과학의 세계

우리가 먹는 것이 우리를 규정하는 것은 아니다

우리가 먹는 것 대부분은 뇌를 만드는 데 쓰이지 않는다. 혈뇌장벽 blood-brain barrier 때문이다. 심장에서 나온 동맥이 두개골까지 올라가 뇌 동맥이 되면, 이것들은 뇌 밖에 있을 때만큼의 투과성을 지니지 못하게 된다. 그 대신에 이 동맥들은 특정한 세포층 더미들과 연결되기 시작하며, 혈류에서 뇌 조직으로 들어갈 수 있는 이물질을 전폭적으로 차단한다. 혈뇌장벽이 발견된 것은 19세기 후반 간단한 실험에서였다. 푸른 염료를 쥐의 혈액에 주사하고 부검을 시행하자, 신체 전체가 푸르게 변했지만 뇌와 척수만은 하얬다. 염료가 뇌 안으로는 침투하지 못한 것이다.

현재 우리는 신체 어디에서든 작용하는 염증 세포나 대부분의 약물들이 뇌 조직까지 도달하지는 못한다는 사실을 알고 있다. 이는 신경학적 문제들을 치료하는 약물 개발을 특히 어렵게 하는 요인인데, 나 역시 뇌암 치료를 하면서 겪은 바 있다.

산소, 포도당, 케톤은 이 장벽을 통과할 수 있다. 일부 지방, 비타민, 미네랄도 잘 통과한다. 그 외에 뇌가 필요로 하는 모든 것들은 거의 뇌 안에 둥지를 튼다. 따라서 '뇌 영양식품'이라는 말을 들으면, 뇌는 무척이나 입맛이 까다롭다는 사실을 떠올리길 바란다.

식단이 충분치 않을 때

처방 약을 먹는 것을 우리는 별로 좋아하지 않는다. 대신 식단 조절과 운동은 잘 받아들인다. 콜레스테롤 수치나 혈당을 낮추거나, 체중을 감량하거나, 당뇨나 우울증 등을 치료할 때 우리 모두 식단을 조절하고 운동을 하지 않는가?

몇몇 퀘이커교도들은 다이어트, 운동, 자연식품만이 당뇨병을 치료하는 유일하게 안전한 방법이라고 주장하지만, 이는 위험한 거짓말이다.

건강식품을 지지하고 주류 약물을 비판하던 잡지 《예방Prevention》의 설립자 J. I. 로데일Rodale은 TV 쇼에 나와서 자신은 100세까지 살 것이라고 말했다.[4] 그런데 그는 그 말을 한 즉시 그 무대에서 죽고 말았다.

케톤체 생성 식단의 주창자인 로버트 앳킨스 박사에 관해 말하자면, 그는 72세에 사망했다.[5]

다시 말하자면, 식단이 다는 아니다. 건강한 삶을 유지하는 데는 식단과 운동만으로 충분치 않다. 안전하고 효율적인 약에 관해서도 진지하게 고려해야 한다. 제2형 당뇨에서 가장 잘 듣는 약은 메트포르민 metformin으로, 이 병에 있어 가장 오래 쓰였을 뿐 아니라 저렴하기까지 하다. 한 알만 먹어도, 메트포르민은 근육의 인슐린 반응성을 높여 신체 내 인슐린 민감성을 개선하고, 간에서 혈류로 흘러 들어가는 포도당을 줄여준다. 무엇보다도 메트포르민은 당뇨 환자들의 인지 기능에 장기적인 도움을 준다. 연구 결과 이 약이 치매 발전 가능성을 3분의 1까지 낮춘다는 사실도 밝혀졌다. 오스트리아에서 노년층을 대상으로 한 연구 하나는, 기억 손실, 실행 기능 손상, 언어학습 장애를 막는 것은 오직 당뇨약뿐임을 보여주었다.[6] 뇌를 활성화하기 위해 이 약을 먹으라는 것이 아니라, 다양한 방법을 고려해야 한다는 말이다.

🧠 두뇌 운동

습관이 여러분을 돕게 하라

우리는 바쁜 삶을 살고 있다. 뭔가를 먹을 때도 휴대전화로 웹 서핑을 하고 애플리케이션을 켜고 있지 않은가?

나는 그렇지 않다. 뇌 건강을 위해서는 기본적으로 합리적인 습관을 세우고, 그 습관을 잘 지켜야 한다. 습관의 힘은 강력하다.

누구나 알고 있지만, 새로운 습관을 들이는 일은 고문이나 다름없다. 새해 계획을 여름까지 지키는 사람은 엄청나게 드물다. 당신이 "나는 새해 계획을 다음 해까지 실천했어요!"라고 한다면, 그런 사람은 오직 당신 한 사람뿐이다. 새로운 습관을 만들기 위해서는 선별적, 전략적으로 할 필요가 있다. 먼저 어떤 습관을 들일지 분명하게 정의하라. 그러면 하지 말았어야 했던 일들, 앞으로 하지 말아야 할 일들을 알 수 있게 될 것이다. 둘째, 지금부터 자신이 세운 계획을 다른 사람들에게 말하고 그렇게 할 수 있도록 도와달라고 청하라. 셋째, 한 번에 한 가지 습관만 바꿔라.

습관은 한번 들이기 시작하면 실행하기 훨씬 쉬워진다. 우리 가족이 습관을 들이려고 노력하는 마인드 식단에 대해 말하자면, 우리 집에서는 식사란 서로 함께 있는 시간일 뿐으로 어떤 음식을 많이 먹고 어떤 음식은 적게 먹어야 한다는 둥 지나치게 호들갑을 떨지는 않는다. 아내와 나는 음식이 아이들에게 죄책감을 주는 것이 되지 않도록 노력한다. 신선한 음식을 먹고 정크 푸드를 되도록 피하는 습관을 일상으로 들였다는 말이지, 엄격하게 식단을 제한한다는 뜻은 아니다.

우리는 세상의 많은 사람이 적당한 가격으로 신선한 음식을 먹을 수 없다는 사실도 염두에 둔다. 개발도상국 여러 곳을 다녀봤기에 이는 늘 내 마음에 걸리는 생각이다. 그래서 지금 누리는 이 식탁이 얼마나 행운인지 잊지 않으려고 애쓴다.

『잡식동물의 딜레마』를 쓴 마이클 폴란Michael Pollan은 이렇게 말했다. "음식을 먹어라. 너무 많이는 말고. 그리고 식물을 많이 먹어라."

바로 이거다! 나는 아이들에게 신선한 채소, 과일, 견과류, 생선을 식사의 중심으로 삼으라고 말한다. 그 외 다른 것들도 먹고 싶은 대로 먹게 한다. 햄버거는 어쩌다 한 번 먹어도 된다. 하지만 매일은 안 된다. 치즈 케이크? 이것도 매일은 안 되지만 어쩌다 한 번은 괜찮다. 어쨌든 식사할 때는 음식과 대화를 즐긴다. 중요한 건 내키는 대로 다 먹지는 않는 습관이라고 나는 아이들에게 말한다.

10.
뇌는 어떻게
스스로를 치유하는가

제니퍼에게 그 증상이 나타난 건 여섯 살 때였다. 하지만 증상이 너무 경미해서 부모가 어린 딸의 발달 장애를 의심할 정도는 아니었다. 그러던 어느 날, 제니퍼가 갑자기 공포에 질린 채 부모의 품으로 뛰어들었다. 몇 달이 지난 뒤에도 그 감정들은 사라지기는커녕 더욱 심해졌고, 실제로 존재하지 않는 낯선 사람이 보이는 환상까지 나타났다. 부모는 딸을 병원에 데려갔지만 걱정할 게 없다는 말만 듣고 왔다. 하지만 한 주에 한 번 일어났던 발작이 매일의 행사가 되더니, 급기야 하루에 몇 차례씩 일어나기에 이르렀다.

그러다 마침내 제니퍼는 의식을 잃고 바닥으로 쓰러졌다. 몇 초 후 깨어났을 때는 무슨 일이 일어났는지 기억하지 못했다. 의사가 제니퍼의 뇌를 스캔해 보았다. 종양이 발작을 유발하여 의식을 몇 초간 앗아가는 것일지도 몰랐기 때문이다.

하지만 MRI상 제니퍼의 뇌에는 구조적으로 잘못된 부분이 전혀 없었다. 모든 고랑과 이랑, 혈관, 뇌실, 뼈 등 모든 것이 교과서적으로 정상이었다. 추가 검사가 이루어졌다. 전기 신호에 이상이 있는지 찾기 위해 두피에 전극이 설치되었다. 이번에도 이상은 없었다.

　다음 단계로 병원에 입원해서 일주일간 24시간 내내 EEG로 뇌파를 확인하는 검사가 이어지던 어느 날 아침, 제니퍼가 밥을 먹는데 발작이 일어났다. 극심한 공포가 한바탕 휘몰아쳤다. 그 순간 정상적으로 매끄럽게 움직이던 뇌파가 드문드문 끊기고 확 솟구쳤다. 간질성 전기 스파크였다. 공포감은 발작 전에 나타나는 '전조증상aura' 즉, 측두엽이 보내는 경고 신호였다.

　제니퍼의 부모는 이 진단을 듣고 우왕좌왕했다. 간질이라면 바닥에 쓰러져 사지를 떠는 것이 아니던가? 제니퍼의 간질은 오늘날에도 무척이나 드문 종류였다. 일단 제니퍼는 처방받은 약으로 진정됐다.

　몇 달 후, 공포로 인한 경련이 되돌아왔다. 기존 약의 용량을 늘린 데 더해 두 번째 약도 추가됐다. 한 해가 지나 약은 또 늘어났고, 제니퍼는 몽롱한 상태에서 계속 공포감을 겪었다. 다시 찾아간 병원에서 제니퍼는 또 정신을 잃었다. 이번에는 소녀의 뇌가 약으로는 자길 진정시킬 수 없다고 선언이라도 하는 듯했다. 뇌 부정맥brain arrhythmia 발작이 그녀의 측두엽에서부터 주변 부위에까지 퍼져 나갔다. 우반구 전체로 폭풍우가 일거에 휘몰아치며 번쩍번쩍 번개를 치고 반대편 좌반구를 지나 빠져나갔다가 다시 앞뒤로 난반사되었다.

　제니퍼는 대형 병원 소아과 집중치료실로 이송되었다. 발작을 억제하려고 혈관으로 가장 센 진정제를 꽉꽉 밀어 넣다가 결국에는 마취를 시키고 더 많은 약이 주입되었다. 호흡을 조절하는 뇌 신호마저 잠잠해져서 제니퍼는 산소 호흡기까지 써야 했다. 이럴 수도 저럴 수도 없는 상태였다. 발작을 통제하지 않으면, 계속되는 발작이 뇌 조직을 손상시킬 것이었다. 하지만 발작을 통제한다는 건, 진정제를 맞고 무의식 상태로 사는 삶을 의미했다.

그리고 세 번째 선택지가 있었다. 제니퍼와 부모가 내게 온 이유였다. 처음 만났을 때 제니퍼 부모의 눈동자는 텅 비어 있었다. 그들은 그때까지 딸의 간질이 까다로운 사례라 일반적인 종류의 뇌 수술은 할 수 없다고 알고 있었다. 제니퍼의 뇌에서 일어나는 전기 스파이크는 종양처럼 안전하게 제거할 수 있는 어떤 특정 부위에서 일어나는 게 아니라 뇌 우반구 전체에서 무작위로 일어나고 있었다.

나는 부모에게 이 비극의 다음 단계를 경고했다. 그리고 부모들이 상상도 할 수 없는 이야기를 할 차례였다. 제니퍼에게 남은 유일한 희망은 뇌의 절반을 제거하는 것이라고.

🧠 뇌, 딱 걸렸어

뇌는 고정된 상태가 아니다

우리 두개골 속에 있는 이 수수께끼 기관 안에 고대인들은 가래가 있다고 믿기도 했고, 또 한편으로는 동물의 영혼이 있다고도 생각했다. 산업 혁명이 일어난 뒤로는 우리 정신의 내적 작용은 산업화와 관련돼 설명되었으며, 디지털 시대에는 뇌를 설명할 때 '배선wiring'이라는 비유를 사용하기도 한다.

뉴런들은 여러 역할을 하며 뇌의 진화에 필요한 방식으로 기여한다. 그러니까 어떤 뉴런이 특정한 한 가지 역할만 수행하도록 고정돼 있는 게 아니라는 말이다. 뉴런들은 이전에는 하지 않던 새로운 역할을 할 수 있는 것은 물론, 다양한 수준에서 해낼 수 있다. (그런데 뇌라는 게 과연 우리가 분명하게 설명할 수 있는 것이던가?)

신경과학에서는 뇌를 '뉴런들의 앙상블'이라고 묘사한다. 뉴런들이 기능적 수준에서 함께 움직인다는 의미다. 제니퍼의 사례처럼 뇌의 물리적 구조를 변형시키거나 심지어 제거해도, 남아 있는 뉴런 오케스트라의 구성원들이 여전히 사고, 상상, 감정의 놀라운 심포니를 합주할 수 있다.

부인할 수 없는 신경가소성

반구절제술hemispherectomy로 좌측 혹은 우측 뇌 절반이 제거된 상태에서 일어나는 반응이야말로 뇌가 스스로 재창조하는 능력을 설명하는 데 제격이다. 반구절제술이 인간에게 처음 시행된 때는 1923년으로, 당시에는 가장 급진적이고 충격적인 수술이었다. 너무 위험해서 수십 년간 한구석으로 밀려났던 이 수술은 1970년대 초반에 존스홉킨스병원Johns Hopkins Hospital 외과 의사들이 부활시킨 뒤 발전해왔다. 그 이후로는 반구절제술이 '최후의 도박'으로 여겨지지는 않는다. 이 수술을 받은 아동 96퍼센트가 간질 발작이 완전히 사라지거나 혹은 상당히 줄어들었을 뿐 아니라 기억, 지력, 성격, 심지어 유머 감각에도 유의미한 변화가 생겼다.

신경과학에서는 뇌의 재창조 능력을 '신경가소성'이라고 부른다. 1980년대에 과학자들은 뇌의 영역 대부분이 각각 특정한 임무를 담당하며, 그 역할은 변하지 않는다고 믿었다. 제1장에서 언급한 펜필드 지도를 떠올려 보라. 촉감을 처리하는 뇌의 영역들이 뺨, 혀, 손가락 등 특정 부위에 할당되어 있지 않은가? 뇌를 아메리카 대륙 지도처럼 고정된 지형으로 생각한 것이다.

하지만 그 뒤로 워싱턴대학교의 젊은 연구자 브래들리 슐라거 Bradley Schlaggar를 비롯한 실험과학자들은 새로운 실험을 했다. 슐라거는 배아 상태의 쥐와 막 태어난 쥐의 뇌에서 시각피질visual corex 영역을 잘라내 체감각피질somatosensory cortex, 그중에서도 수염을 인지하는 지점에 넣었다. 수염 감각 영역에 놓인 뉴런들은 작은 원통처럼 보이는 어두운 구역과 그 주변을 둘러싼 좀 더 밝은 구역으로 나뉘어 들어갔다. 그리고 그 '작은 원통들' 각각은 수염 한 올 한 올을 인지하는 데 할당되었다. 그렇다, 그 원통들은 수염 통이 된 것이었다!

슐라거의 실험 결과[1]가 《사이언스》 표지 논문으로 실리기 전까지, 뇌는 영역별로 유전적으로 그 역할이 미리 결정되어 있는 것으로 여겨졌다. 하지만 뉴런들을 시각피질에서 수염 감각 영역으로 옮겨 놓은 후에 일어난 일은 그야말로 놀라웠다. 몇 주일이 지나자, 시각에 할당되었던 이 뉴런들은 제각각 수염을 인지하는 '수염 통'으로 조직된 것이다.

비슷한 시기에 UC샌프란시스코의 마이클 머제니치Michael Merzenich는 실험실 동물들의 발가락을 한 개에서 두 개 정도 장애를 입힌 뒤 뇌의 반응을 보았다. 장애가 생긴 발가락의 촉감을 감지하는 데 할당되었던 뇌 영역은 몇 달이 지나는 동안 나머지 발가락들이 접수했다. 이 나머지 발가락들은 뇌 영역을 더 많이 사용하게 됨에 따라, 감각 능력이 엄청나게 향상돼 훨씬 미세한 자극까지 감지할 수 있게 되었다.

오늘날 우리는 신경가소성이란 단순히 급진적인 과학자들이 벌인 정신나간 실험 결과가 아니라, '뇌가 하는 일'임을 알고 있다. 하지만 신경가소성에 한계가 없는 건 아니며, 우리는 이런 한계를 넘어설 방법을 알아가는 중이다. 신경가소성은 양날의 검이기도 하다. 이를테면 충격적인 사건에 휘말려 몇 년이 지나도 그와 관련된 기억이나 공포, 스트레스에 계속 사로잡혀 있는 외상 후 스트레스 장애 환자들의 경우를 생각해 보라.

반구절제술 후에 일부 아동들은 해당 반구가 관장하는 신체에 대한 통제력을 완전히 회복하지 못한다. 좌반구를 제거하는 수술은 특히 우려스러울 수 있는데, 거기에 전두엽과 두정엽에서 측두엽을 분리하는 가쪽 고랑 위쪽에 브로카 영역과 베르니케 영역이 자리하고 있기 때문이다. 앞서 말했듯 브로카 영역은 말을 할 수 있게 하는 곳이고, 베르니케 영역은 대화 내용을 이해하게 하는 곳이다. 성인기에 이 두 영역들을 잃게 되면 그 결과는 비극적이다. 아주 어린아이들의 경우 남은 우반구에서 대개 대화 및 언어 이해 능력이 계발되기도 하지만 좌뇌가 온전할 때처럼 잘하는 경우는 드물다.

하지만 제니퍼는 운이 좋았다. 반구절제술을 받아야 하는 아동으로서는 말이다. 그녀의 좌뇌는 괜찮았다. 전기 신호가 잘못된 곳은 제니퍼의 우뇌였다. 제니퍼의 건강한 좌뇌가 기능적 방해를 받지 않도록 우뇌를 제거해야 했다. 제니퍼가 무사히 자라 성인이 되고, 그 이후의 삶을 살 기회를 줄 수 있도록 말이다.

뇌 절제

부드러운 머리카락 사이로 제니퍼의 두개골이 느껴졌다. 전기 이발기가 길고 넓게 지나가자, 머리카락이 바닥으로 떨어졌다. 나는 소녀의 머리카락이 깎여나간 자리에 소독제를 발랐다. 갈색 소독제가 제니퍼의 목과 얼굴로 뚝뚝 떨어졌다. 헤드램프의 강렬한 빛 아래로 연기와 뼛가루가 튀어 올랐다. 절대 잊을 수 없을 것 같은 냄새가 났다. 나뭇조각 냄새, 연기 냄새, 그리고 그 밖의 다른 냄새들이. 보통은 수술할 때 두개골에 작은 구멍을 여러 개 내는데, 이번에는 제니퍼의 뇌라는 행성에서 대륙 하나를 떼어낸 만큼의 뼈를 크게 들어냈다.

수술용 현미경이 천장에서 내려오고, 제니퍼의 뇌 위로 접안렌즈가 달랑거리며 내 오른쪽 눈에 착지했다. 이상하게 들리겠지만, 내 눈 아래에는 마우스피스 하나가 덧대어져 있었다. 이를 꽉 물고 내가 머리를 휙 돌리자, 현미경이 따라왔고 시야 범위가 바뀌었다. 덕분에 나는 손을 멈추지 않고 계속 수술을 할 수 있었다. 목에서 갑자기 경련이 일어나고 뻐근한 통증이 밀려왔지만 무시하고 나는 계속 할 일을 해나갔다.

내 왼손에는 흡인용 튜브가 들려 있었다. 엄지손가락을 튜브 꼭대기에 댔다가 떼면 튜브에서 공기가 빠져나간다. 다시 그 자리를 손가락으로 막으면 공기가 빨려 들어온다. 오른손에는 상처를 지지는 데 쓰는 20.3센티미터짜리 전기 소작용 겸자가 들려 있었다.(발로 페달을 밟아서 전원을 껐다 켰다 하면서 작은 혈관들을 그슬려 봉합하는 도구이다.)

지금까지 수백, 수천 번을 서본 자리였다. 장비는 내 몸이나 마찬가지일 정도로 무척이나 익숙했다. 제니퍼의 심장이 뛸 때마다 뇌 아래쪽이 부드럽게 수축했다. 거기에서는 질병의 흔적이 보이지 않았다. 외상으로 인한 탁한 피도 보이지 않았다. 뭉그러진 암 조직 덩어리도 없었다. 수수께끼의 산마루들과 골짜기들에서는 붉고 푸른 미세 혈관들이 잭슨 폴록Jackson Pollock(미국 추상표현주의 화가―옮긴이)의 그림처럼 환상적으로 밝게 빛나고 있었다. 응당 그래야 하는 모습 그대로, 완벽하게 정상적이고 건강하게 보였다. 그러나 나는 이제 그것을 갈기갈기 찢어야 했다.

수술은 느리게 진행됐다. 뇌 조직을 절개하는 건 다른 신체 조직을 다루는 것과 다르다. 이 조직은 흡인기의 작은 힘에도 파일 만큼 약하다. 나는 우측 전두엽을 측두엽에서 분리하는 것부터 시작했다. 이 둘 사이를 가로지르는 긴 틈 밑바닥의 좁은 골을 흡인하자 우측 전두엽이 분리되어 나왔다. 그러고 나서 우측 전두엽을 겸상막falx에서 해방시켜 주었다. 겸상막은 두 반구 사이를 나누는 뇌의 중심 골격막으로, 두 겹짜리 경막으로 되어 있으며, 그 아래의 뇌량을 보호한다.

흡인 튜브의 철제 꼭지가 뇌 조직을 어루만지면서 움직였고, 혈관과 마주칠 때마다 기타 현이 튕겨지듯 콩콩 튀어 오르는 것이 느껴졌다. 나는 그럴 때마다 혈관 소작용 겸자를 가져다 댔다. 그러고 나면 내 오른편에 서 있는 간호사가 말없이 내 오른손에 들린 겸자를 미세 가위로 바꿔주었다. 내가 다음 단계로 무엇을 할지 아는 것이다. 내 호흡이 얕아지면 그녀는 내가 위험을 무릅쓸 차례라는 점도 알고 있었다. 옆에 선 그녀와 함께, 나는 내 도화지에서 시선을 떼지 않았다. 내가 혈관을 지지면, 그녀가 가위를 가져와 겸자와 바꿔주었다. 우리 두 사람은 한 치의 실수 없이 수백 번 반복해 온 리듬에 따라 움직였다.

미세한 맥관 구조를 체계적으로 나누면서 전두엽 일주를 하는 동안 점점 뇌의 무지갯빛이 옅어지며 어두워졌다. 간호사가 겸자와 흡인 튜브를 내 손에서 가져가고 주걱을 쥐어주었다. 나는 주걱으로 제니퍼의 우측 전두엽을 오믈렛의 달걀을 들어내듯 들어 올리고, 그것을 회색 철제 대야 속으로 미끄러뜨렸다.

이제 두정엽 차례였다. 우측 측두엽, 뒤쪽 후두엽으로 두정엽을 연결해주는 혈관과 섬유 조직을 제거했다. 두정엽은 제니퍼의 신체 좌측의 움직임을 통제하는 뉴런들로 이루어진 이랑을 지탱하고 있었다. 이걸 절개하자, 신체 좌측을 움직이는 핸들이 사라졌다. 나는 마지막 혈관을 지지고 절단한 뒤, 두정엽을 들어 올려 또 다른 차가운 철제 대야 속에 넣었다.

후두엽과 측두엽도 제거했고 이제 더 깊이 들어가서 백질, 우측 해마, 우측 편도체, 우측 시상과 시상하부를 흡인했다. 그리고 뇌간 바로 아래, 그 바닥에서 나는 손을 멈췄다.

두 반구를 잇는 뇌량을 적절하게 봉합하는 게 수술의 마지막 단계였다. 그 앞쪽으로 가는 길에는 뇌량 무릎genu이라고 불리는 구역이 있다. 그것은 구부렸다 펴면 쉽게 분리된다. 하지만 뇌량 뒤쪽으로 가는 길에 있는 들보인 뇌량 팽대splenium는 좀 더 존중해 주어야 한다. 그 바로 아래에 뇌에서 가장 깊숙한곳에 있는 큰 혈관 중 하나인 갈렌 정맥the vein of Galen(이것을 발견한 고대 그리스 의사의 이름이 붙은 것이다)이 자리하고 있기 때문이다. 나는 뇌량을 완전히 분리하고 봉합하면서 보통은 볼 일이 없고, 봐서도 안 될 것을 보았다. 살아 있는 인간에게 있는 갈렌대정맥the great vein of Galen을.

수술은 늦은 오후가 다 되어 끝났다. 제니퍼는 이제부터 남겨진 뇌 절반으로 살아가야 했다. 나는 소녀에게 산소 호흡기를 씌우고 간호사에게 밤새워 지켜보라고 했다. 집으로 차를 몰고 돌아가는 길 내내 철제 대야에 담긴 제니퍼의 뇌가 떠올랐다. 그 장면을 머리에서 떨쳐내기가 힘들었다. 그날 밤은 잠을 이루기도 어려웠다.

다음 날 아침, 시간에 맞추어 병원 2층 계단을 걸어 올라가 집중치료실로 향했다. 제니퍼는 긴 복도 가장 끝, 마지막 방에 있었는데 그곳만 제외하고 나머지 병실들은 의사와 간호사 들이 잘 돌볼 수 있도록 전부 밝게 불이 켜져 있었다. 제니퍼가 누운 병실은 복도로 새어 나오는 빛 조각 하나 없이 어둠침침했다. 그건 좋은 신호였다. 제니퍼의 의식이 돌아왔고, 빛에 민감하다는 의미였기 때문이다. 어쩌면 나쁜 신호일 수도 있었지만.

그녀가 있는 집중치료 병동 8호실 문턱을 넘자 간호사 한 명, 레지던트 한 명, 그리고 제니퍼의 부모가 고개를 돌려 내가 들어서는 것을 보았다. 그들 뒤로 침대에 누운 제니퍼가 보였다. 산소 호흡기를 뗀 채로 제니퍼는 눈을 뜨고 있었다. 소녀가 나를 보았다. 며칠 전 부모와 함께 도착했을 때는 완전히 잠들어 있었기 때문에 나는 제니퍼가 깨어 있는 모습을 본 적이 없었다. 나를 바라보는 소녀의 눈동자는 헤이즐 넛 빛깔이었다.

살다 보면 때로 소개가 필요치 않은 경우가 있다. 제니퍼는 나와 악수를 하는 부모의 모습을 보고는, 내가 자신의 잊지 못할 여행의 동 반자였음을 알아차렸다.

나는 곧 두 가지 질문을 했다.

"제니퍼, 두 팔을 위로 올려보겠니?"

제니퍼의 오른팔은 들어 올려졌지만, 왼쪽 팔은 바로 침대 위로 툭 떨어졌다.

"왜 안 움직이는 거예요?" 제니퍼가 간신히 내게 물었다. 왼쪽 입 술은 마비된 듯 움직이지 않았다. 그 부분은 아무 감각이 없을 테니 당 연했다. 제니퍼는 뇌 절제술에 동의할 기회가 없었다. 너무 깊이 잠들 어 있었으므로.

"부모님께서 네가 무서움을 느끼지 않게 해달라고 하셨어." 내가 말했다. "그래서 내가 수술을 했어. 한동안은 몸 왼쪽을 움직이는 게 어려울 거야. 자, 이번에는 다리를 위로 올려볼 수 있을까?"

이번에도 오른쪽 다리만이 움직였다.

제니퍼가 울기 시작했다. "왼쪽 팔이랑 다리는 언제가 돼야 움직일 수 있어요?"

"음⋯. 나도 잘 모르겠구나." 내가 말했다.

제니퍼의 부모는 반구절제술에 동의할 때 아이의 신체 한쪽이 마비될 수 있다는 걸 알고 있었다. 제니퍼는 그 결정에 참여하지 못했다. 내게 자기를 도와달라고 말할 수도 없었다. 나는 이제 내가 그녀를 어떻게 상처 입혔는지 설명해야 했다.

부모가 제니퍼를 달래며 미소 지었다. 그러고는 내게 거듭 감사하다고 말했다. 제니퍼의 정신이 맑아지고 경련에서 해방되려면 몇 달이상이 걸리겠지만 말이다.

그리고 나서 진료실로 돌아온 나는, 문을 닫은 채 심란한 마음으로 앉아 있었다. 나 자신에게 구역질이 났다. 나는 어린 소녀의 몸에 마비가 오게 했다. 아이의 아름다운 뇌 절반을 뚝 떼어내어 철제 대야 속에 던져 넣었다. 고문 같은 화요일 아침이었다.

🎈 괴짜 신경과학의 세계

시각을 잃어버린 손

2000년 봄, 로스앤젤레스 카운티 종합병원Los Angeles County General Hospital에서 의과대학 실습을 마치기 몇 달 전, 나는 의학 잡지에서 엄청나게 충격적인 논문을 한 편 읽게 됐다.[2] 당시만 해도 현대적인 뇌 영상 촬영 기법이 일반적으로 사용되고 있지 않았다. 뉴런의 기능이 고정되어 있다는 오랜 관점이 점차 신경가소성에 관한 새로운 관점으로 이행하던 시기였다.

그 논문은 한 64세 여인에 관한 놀라운 사례를 묘사하고 있었다. 그녀는 선천적으로 시각 장애가 있어 6세 때 점자를 배웠고, 대학 생활과 회사 생활을 할 때 점자를 이용했다. 어느 날 그녀는 동료 직원들에게 머리가 약간 아픈 것 같다고, 힘들다고 말했다. 그 말을 함과 동시에 그녀는 의식을 잃었고 구급차에 실려 병원으로 이송됐다. 이삼일후에 그녀는 기분이 나아졌지만, 점자를 전혀 읽을 수 없었다. 그녀는 점자가 '올록볼록'하지 않고 '평평하게' 느껴진다고 말했다. 마치 손에 두꺼운 장갑을 낀 것만 같다고 말이다. 하지만 그녀는 여전히 손으로 집 열쇠를 만지고 구별해냈으며, 1센트 동전, 10센트 동전, 5센트 동전도 구분했다.

　그녀는 왜 갑자기 점자를 읽는 능력을 상실한 걸까? MRI 촬영 결과 그녀의 뇌 양측 후두엽에 뇌졸중이 지나간 흔적이 보였다. 이 부위는 일반적으로 시각과 관계된 곳이다. 제1장 펜필드 지도에서 볼 수 있듯이, 촉각은 대개 두정엽에 의해 통제된다. 하지만 그녀는 시각 장애인이었기에 보통 사람들이 눈으로 글을 읽을 때 사용되는 후두엽의 자리가 손가락으로 점자를 읽도록 재배치되어 있었다. 손가락을 다른 곳에 사용할 때는 여전히 두정엽이 관여했지만, 손가락으로 점자를 읽을 때는 후두엽이 관여하게 된 것이다. 이 여성은 점자를 읽는 능력을 다시는 회복하지 못했다. 대신 컴퓨터의 목소리 인식 소프트웨어를 사용해 일상생활을 할 수 있게 됐다.

치유

몇 주가 지나자 제니퍼의 수술 부위는 치유되기 시작했지만, 마비 증상은 여전했다. 제니퍼의 신경은 곤두섰다. 나 역시 그랬다. 심리학자들과 사회복지사들이 방문했고, 나는 매일 제니퍼와 시간을 보내며 대화를 나눴다. 내가 최선을 다하고 있음을 제니퍼도 알고 있었다. 또 다시 몇 주가 지났고, 제니퍼는 부모님과 함께 병원에서 1,600킬로미터나 떨어진 집으로 돌아갔다. 이제 다른 의사와 물리치료사들이 돌봐줄 테고, 제니퍼에게 나는 더 이상 필요하지 않았다.

한동안 그녀의 경과에 대해 쓴 카드와 이메일이 계속 왔다. 아직 항경련제를 계속 먹지만 복용량은 그전보다 훨씬 적어졌고, 한 번도 발작을 일으키지 않았다고 했다. 한 학년 뒤처지긴 했지만 학교도 다시 다니기 시작했다고 했다.

수술 후 3년이 지난 어느 날, 동영상이 첨부된 이메일 한 통이 나에게 도착했다. 제니퍼의 부모가 보낸 동영상이었다. 이제 아홉 살이 된 제니퍼가 책가방을 메고 카메라를 향해 걸어왔다. 정상적으로 걷고 있었다. 영상은 9초 정도 되었다. 나는 아이가 크게 웃음을 터뜨리는 소리를 들었다. 아직 제니퍼의 입 좌측이 약간 아래로 처져 있는 게 보였다. 하지만 메일에는 그녀가 잘 지내고 있으며, 심지어 축구도 한다고 쓰여 있었다!

그때까지 우리는 집행유예를 받은 죄수 같은 상태였다. 하지만 이제 그녀의 뇌는 좌측 신체를 통제하는 방법을 알아가고 있었다. 뇌 반쪽만으로도, 인간으로서 그녀는 완전했다.

✹ 두뇌 운동

신경가소성 쌓아 올리기

수술 훈련을 받던 시기 초반에 나는 선배에게 몇 가지 흥미로운 조언을 들었다. 그녀는 내게 수술이란 양손 기술이라고 말하면서, 휴가 일주일 동안 멀쩡한 오른팔에 삼각건을 매고 지내보라고 권했다.(나는 오른손잡이다.)

나는 그렇게 했다. 자주 사용하지 않던 왼손을 통제하기가 얼마나 어려웠던지 아직도 기억난다. 그리고 내 왼손이 얼마나 빨리 적응했는지도. 그 이후 나는 일상생활에서 적극적으로 양손을 사용하도록 애썼다. 그래서 지금은 왼손으로 젓가락질도 하고, 스마트폰과 마우스도 사용한다. 이 방법은 내게 수술실에서 큰 도움을 주었다. 해부학적으로 말하자면 내 양측 전두엽의 운동피질이 함께 협력하고 있다는 말이다.

하지만 내가 경험한 이런 기능적 신경가소성은 내 환자들에게서 목격한 놀라운 회복력에 비한다면 정말이지 아무것도 아니다. 오른손을 잃고 병원 생활을 하던 환자들 일부는 불과 몇 주 만에 왼손을 능숙하게 사용했다. 수술 직후 다리를 움직일 수 없었지만 6개월 후에는 지팡이를 짚고 걷게 된 환자들도 있었다. 수술 후에 언어 능력에 심각한 손상을 입고도 몇 주 혹은 몇 달 후에 유창하게 다시 말할 수 있게 된 환자들도 몇몇 있었다. 신경가소성을 다루는 신경재활 클리닉과 기관들은 이런 사례를 많이 언급한다. 그리고 이런 이야기들은 모두 성실하고 지속적인 노력 끝에 이루어지는 일이라고도 말한다. 신경가소성은 뉴런들이 새로운 역할을 추측하고 받아들이는 일종의 뇌의 백업 작전이라고 할 수 있다. 나는 뇌가 얼마만큼 회복될 수 있는지에 지금도 무척이나 놀라고 있다. 그리고 우리가 뇌를 완전히 사용할 수 있다는 이런 가능성에 여러분도 고무되길 바란다.

신경가소성과 관계된 뇌의 역량을 기름으로써 인지 능력을 키울 몇 가지 방법을 소개해 보겠다.

1. 사용하지 않는 손을 사용해 보라

양손잡이가 아니라면, 주로 사용하지 않는 손을 더욱 많이 사용하려고 노력해 보라. 악기를 연주하는 법을 배우는 것은 양손을 개별적으로 사용함과 동시에 함께 협력적으로 사용하는 최고의 방법이다. 대뇌피질의 운동 영역이 게으른 뉴런들을 움직이게 할 것이다.

2. 새 언어를 습득하라

새 언어를 배우는 것은, 비록 그 언어에 숙달되지 못한다 해도 좌측 측두엽이 신경가소성을 발휘하게 하는 훌륭한 방법이다. 제3장에서 설명했듯이, '언어의 자리', 의사소통 능력에 관해서는 완전히 정해진 구획이 있는 게 아니다. 언어를 위한 공간을 더 많이 확보할수록, 나이가 들어도 인지 비축분을 많이 보유하게 될 것이다.

3. 스마트폰 내비게이션에서 '경로 찾기' 버튼을 누르지 마라

새로운 기억과 관련된 주요 영역은 해마인데, 해마는 뇌의 내비게이션이기도 하다. 도시에서 길을 찾거나 지하철 경로를 찾는 데는 '격자세포grid cells'라고 불리는 독특한 뉴런들이 기능한다. 신경조직의 일부인 이 격자세포들은 알츠하이머병에 걸리면 상실되는데, 심한 경우 방향 감각을 잃는다. 따라서 구글 지도에서 '경로 찾기' 버튼을 누르는 대신 내면의 나침반을 이용하는 것이 방향 능력을 발달시키는 가장 좋은 방법이다.

11.
생체공학적인 뇌

1964년 가을, 스페인 코르도바. 햇빛
은 쨍하지만 서늘한 어느 오후에 심리학 박사 호세 M.R. 델가도José
M.R Delgado는 나무 울타리를 넘어 투우장으로 들어섰다. 타이를 매고
스웨터를 입은 델가도의 손에는 검도 창도 들려 있지 않았다. 안달루
시아 지역의 청명하고 푸른 하늘 아래, 그는 먼지가 뿌옇게 이는 붉은
땅을 딛고 자신이 직접 만든 작은 철제 상자 하나를 든 채 홀로 서 있
었다.

투우장 반대편에 있는 우리에서 황소 루체로가 풀려났다. 272킬로
그램이나 되는 몸집을 자랑하는 루체로가 박사를 향해 콧김을 내뿜으
며 달려오기 시작했다. 사향 냄새가 풍겨왔다. 그만큼 황소 뿔이 가까
이 다가오고 있었던 것이다. 하지만 델가도는 그 자리에 그대로 서서
기다렸다. '좀 더 가까이… 좀 더!' 황소와의 거리가 마침내 2.4미터까
지 좁혀졌을 때, 그는 철제 상자에 달린 버튼을 눌렀다.

황소가 미끄러지듯 멈춰 섰고, 뒷다리로 땅을 찼다. 먼지가 한 차
례 일었다. 이윽고 루체로는 델가도의 손이 닿는 거리까지 다가와서

눈을 껌뻑거리며 평소와 같은 숨을 내뿜었다. 마치 뇌에서 공격성을 관장하는 스위치가 꺼진 것처럼 말이다.

꺼진 게 사실이었다.

그 실험이 있기 며칠 전, 델가도는 두 마리 황소 루체로와 카예타노에게 마취총을 쏘아 진정시켰다. 그는 투우장 주변 목장에서 일하는 카우보이의 도움을 받아 루체로의 머리를 뇌심부 고정 장치stereotaxic device로 고정시켰다. 이어서 수술 도구로 황소의 두피를 절개하고는 두개골에 끌로 2.5센티미터 넓이의 구멍을 내서 스물네 개의 전극이 붙은 가느다란 전선을 일차운동피질PMC, primary motor cortex에 심었다. 미상핵caudate nucleus과 시상에도 같은 조처를 했다. 이 세 가닥의 전선을 작은 라디오 수신기에 연결하고, 수신기를 뿔 한쪽에 매달았다. 그런 뒤에 두개골에 난 구멍을 치과용 시멘트로 메우고, 절개 부위 주변 피부를 봉합했다. 마지막으로 루체로의 머리에서 고정 장치를 빼냈다. 카예타노에게도 똑같이 했다.

며칠 후에 델가도는 시험을 시작했다. 투우장 안에는 카예타노와 함께 루체로가 평화롭게 서 있었고, 울타리 밖에 안전하게 선 델가도 박사는 라디오 수신기를 작동시켜 카예타노의 좌측 미상핵에 붙은 전극을 활성화시켰다. 매우 낮은 0.1밀리암페어(mA)의 자극을 주자 소는 반응하지 않았다. 박사는 0.5밀리암페어로 자극을 높였다. 카예타노가 머리를 왼쪽으로 움직였다. 자극을 0.7밀리암페어로 올리자 황소는 천천히 좌측으로 작게 빙글 돌았다. 0.9밀리암페어로 올리자 다시 한 바퀴 빙 돌았다. 이번에는 조금 더 속도가 빨라졌다. 우측 미상핵에 자극을 보내자 카예타노가 다시 둥글게 돌았다. 하지만 이번에는 오른쪽이었다.

다음은 루체로 차례였다. 루체로가 콧김을 뿜으면서 흥분하자 델가도는 소의 미상핵과 시상에 1밀리암페어의 자극을 보냈다. 루체로가 움직이다가 멈춰 섰다. 델가도는 카예타노의 움직임을 제어하려고 했던 것과는 다르게, 계속 버튼을 누른 상태에서 루체로를 진정시켜 보려고 했다.

이 실험을 하고 난 뒤, 델가도는 실험을 관찰하고 있던 유명한 투우사 엘 코르도베스El Cordobés에게서 투우용 망토를 빌려왔다.

"전 청년 시절 이따금 시골 축제에서 투우용 망토를 부리는 능력을 시험하곤 했지요." 델가도는 나중에 이렇게 썼다. "전 오른손에는 망토를 들고 왼손에는 라디오 송신기를 들고서 루체로를 대면했습니다. 냉정을 유지하려고 애썼지만, 내 바람과는 달리 심장은 미친 듯이 요동쳤지요. 송신기가 한 번이라도 작동하지 않으면, 공포를 느낄 새도 없이 황소가 나를 들이받을 테니까요."

델가도가 동물 실험을 한 것은 이때가 처음이 아니었다. 그는 15년 동안 예일대학교에서 원숭이와 고양이 들을 '작은 전기 장난감'으로 만드는 연구를 했다. 뇌의 특정 위치에 전극을 삽입하고 적절한 전기 자극을 흘려보내면, 동물들을 놀고 싸우고 짝짓기하고 잠자고 하품하고 이를 드러내게 할 수 있었다. 《뉴욕 타임스》 1965년 3월 17일 자에 실린 1면 기사에 따르면, 델가도는 자신이 "동물의 뇌에 직접 전기 자극을 흘려보내 정신적 기능들, 이를테면 우정, 기쁨, 언어적 표현을 만

들어내고, 그 표현을 수정하고 억제할 수도 있음을 증명했다"라고 주장했다.[1]

이처럼 전기 자극이 신경 체계에 미치는 영향력은 1771년 이탈리아의 물리학자 루이지 갈바니Luigi Galvani의 실험을 통해 알려졌다. 그는 전기 자극으로 죽은 개구리의 다리를 펄쩍 들어 올릴 수 있다는 사실을 발견하고는 '동물 전기'의 사례라고 지칭했다. 사람들은 이를 '갈바니즘galvanism'이라고 불렀다. 1803년에는 갈바니의 조카 조반니 알디니Giovanni Aldini가 전기 자극이 죽은 동물에게 미치는 효과를 실험했다. 이 실험은 심지어 런던 뉴게이트의 감옥에 있는 사형수들을 대상으로도 이루어졌다.(당시의 기록에 따르면 죄수들은 "눈 한쪽을 뜨고, 오른손을 들어 올리고, 꽉 쥐거나, 다리와 허벅지를 움직였다.") 이 실험은 메리 셸리Mary Shelley가 『프랑켄슈타인』을 쓰는 데 다소 영감을 주었다고도 한다.

말로 듣는 것만으로도 충격적인 실험이지만, 델가도는 자신의 실험 결과가 인간의 사악한 본능을 극복하는 데 도움이 되리라고 믿었다. 그의 실험은 본래의 선한 의도와는 달리 『정신 통제Physical Control of Minds:Toward a Psychocivilized Society』라는, 조지 오웰식 디스토피아를 연상시키는 제목의 책으로 세상에 나왔다.[2]

델가도는 라디오 송신기로 제어되는 전기 자극기를 뇌에 삽입한 몇 안 되는 초기 연구자다. 하지만 그를 뇌와 기계의 인터페이스로 환자를 구하고 인간 뇌에 전기 장치를 심어 질병을 치료한 활동의 선구자라고 할 수 있을까?

몇 년 전, 레이먼드라는 환자가 찾아와 자신이 겪고 있는 특이한 고통을 치료할 수 있느냐고 물었을 때 나는 황소 루체로를 떠올렸다. 의과대학 시절 델가도의 비뚤어진 실험에 대해 들은 뒤로, 나는 늘 그 황소의 편이었다.

미생물의 안구 침공

"저는 은행원입니다." 레이먼드가 말했다.

신경학적 검사를 모두 마친 뒤에, 우리는 진료실에 앉아 있었다. 45세의 그 라틴계 남성은 눈 주변이 푹 꺼져 있었다.

"그러니까, 저는 '은행원이었다'라는 말입니다." 그가 말을 이었다. 그러고는 양복 재킷 가슴 주머니에서 안약을 꺼냈다. "실례 좀 하겠습니다." 그가 말하고는 눈 양쪽에 안약을 두 방울씩 떨어뜨리고는 주머니에 집어넣었다.

레이먼드는 자신이 가벼운 강박증을 앓고 있다고 했다. 사무실 책상 위에 종이 한 장도 남겨놓지 않고, 싱크대에 더러운 접시 한 장 놔두지 못한다고 말이다. 그의 전 아내는 꼼꼼하지 않은 사람이었다고 했다. 그래서 그녀가 떠났을 때 다소 안도를 느꼈다고.

"2년 전 일이에요." 그가 다시 점안액을 꺼내어 눈에 떨어뜨렸다. "그 후로 모든 게 나빠졌어요."

그때부터 그는 안구 점막을 통해 몸속으로 세균들이 들어온다는 생각을 강박적으로 하게 됐다. 하루에도 수백 번, 걷잡을 수 없이 그런 이미지가 머릿속에 떠올라 안약을 계속 넣어야 했다. 그는 강박 때문에 먹지도 못하고, 우울증에 빠졌다.

"말도 안 되는 생각이죠." 그가 말하고는 다시 안약을 꺼냈다. "압니다. 이게 얼마나 미친 짓인지 모를 수가 없지요. 그런데… 그 생각을 멈출 수가 없어요."

정신과 의사는 강박 장애OCD, obsessive compulsive disorder 증상을 완화한다는 온갖 항우울제와 항불안제를 처방해 주었다. 처음에는 프로작Prozac, 그다음에는 졸로프트Zoloft, 그다음에는 팍실Paxil, 렉사프로Lexapro, 셀렉사Celexa 등…. 하지만 아무 소용이 없었고, 그는 그다음 단계의 도움이 필요하다고 느꼈다.

"더 이상 갈 데가 없더라고요. 이제는 뭐라도 할 겁니다."

이렇게 말하는 그의 뺨을 타고 안약이 흘러내렸다.

그는 온라인 검색을 한 끝에 나를 찾아온 것이었다. 그가 원하는 건 델가도가 루체로에게 했던 것과 크게 다르지 않은 일이었다. 자기 뇌 깊숙이 전극을 집어넣어서 강박증을 진정시킬 신호를 보내달라는 것이었다. 머릿속에 들어 있는 악마를 길들이기 위해서는 정신을 수술해야 한다고 그는 생각했다. 종양을 들어내거나 혈전을 제거하는 수술이 아니라, 정신 속에서 전기적 진동의 흐름을 바꿀 작업 말이다.

뇌 깊은 곳을 자극하다

뇌심부자극술DBS, deep brain stilmulation은 경련과 파킨슨병 치료법으로 1997년 FDA의 승인을 받았고, 2009년에는 강박 장애를 비롯해 약물로 완화되지 않는 몇 가지 질병들에 사용하는 것이 최종 승인됐다. 아직 FDA의 승인을 받지는 못했지만 만성 통증, 주요 우울증, 투렛증후군Tourette's syndrome(자신도 모르게 움직이거나 소리를 내는 신경성 질환-옮긴이) 등에도 간혹 사용된다.

이 시술이 왜 효용이 있는지는 수수께끼다. 델가도도 전기 자극이 황소에게 왜 효과가 있었는지 알지 못했다. AD 46년, 로마의 클라우디우스 1세Claudius의 주치의였던 스크리보니우스 라르구스Scribonius Largus는 환자의 두피에 전기가오리를 대서 두통을 치료했는데, 그게 어째서 치료가 되는지는 몰랐다.

우리가 세운 가설은 전극에서 나온 전류가 근처의 뉴런들에서 나오는 비정상적인 신호들을 차단하거나 제어한다는 것이다. 우리가 확실히 알 수 있는 것은 다양한 신경 질환으로 고통받는 사람들에게 자극기를 심고 전류를 흘려보냈을 때 증상이 대부분 나아졌다는 사실뿐이다.

뇌심부자극 시스템은 전기 신호를 내보내는 배터리형 발전기, 신호를 뇌에 전달하는 전극기, 이 둘을 연결하는 전선, 이렇게 세 부분으로 나뉜다. 일반적으로 발전기는 쇄골 아래 심고, 전선이 피부 아래로 목에서 귀 뒤쪽까지 올라갔다가 두개골로 들어간다.

정확히 뇌의 어느 위치에 전극을 심어야 하는지는 계속 연구 중인 과제다. 파킨슨병과 관련된 강직과 경련에는 대개 피질 아래 회질 두 곳 중 한 곳, 운동 기능과 관련 있는 곳에 심는다. 시상하핵subthalamic nucleus 혹은 창백핵globus pallidus이라고 불리는 곳이다. 강박 장애의 경우도 역시 시상하핵에 전극을 심는데(시상하핵은 두 곳에 있어 각각한 개씩 심는다). 이 두 개의 아주 작은 렌즈 모양 뉴런 덩어리들은 물리적 운동만 아니라 수의적인 흥분을 통제한다고 여겨진다. 여기에는 레이먼드처럼 눈에 안약을 넣게 만드는 충동을 조절하는 것도 포함된다.(나의 소망이었다.)

수술 날 아침, 수술실에는 세 명의 간호사와 나를 도와줄 부집도의, 마취과 의사가 자리하고 있었다. 델가도가 황소에게 했던 것처럼 우리는 레이먼드의 뇌 주변에 뇌심부 고정 장치를 설치했다. 고정 장치는 두 가지 이유에서 반드시 필요하다. 첫째, MRI 촬영 시 3D 입체 뇌 영상에 필요한 그리드 선을 외부에 만들어준다. 둘째, 수술하는 동안 환자의 머리가 이 그리드 선 안에 계속 위치할 수 있도록 고정해 준다.

레이먼드의 머리 네 곳에 고정 장치를 부착시킬 구멍이 뚫렸다. 양쪽 눈 바로 위 이마에 두 곳, 뒤통수에 앞쪽과 같은 위치 두 곳이었다. 장치에서 나온 나사 네 개를 각각 하나씩 박고는, 이것들이 두개골 가장 바깥 부분까지 다물릴 때까지 조였다. 무시무시하게 야만적으로 보이는 게 사실이지만, 나중에 환자들이 말하기로는 고통스럽지는 않고 겁이 났을 뿐이란다. 어쨌든 우리는 그를 MRI실로 보내 뇌를 3D 영상으로 촬영하고는 다시 수술실로 돌아왔다. 나는 컴퓨터 화면에 3D 지도를 띄우고, 오른쪽과 왼쪽 시상하핵을 목표로 골랐다. 내 목표물은 작은 데다가 뇌 한복판에 있는 것도 아니라 만만한 녀석이 아니었다. 나는 우리의 본능과 성향을 지배하는 회질 깊은 곳으로 들어가고자, 주변의 예민한 영역들을 피해 가장 안전한 위치에 약 8센티미터 길이의 길 두 개를 냈다.

그 길을 만들자, 레이먼드의 두피 어디에서 머리카락을 밀어야 할지가 정확히 보였다. 나는 두 지점을 C자형 절개법으로 가르고 두피를 벗겨낸 뒤, 두개골에 2.5센티미터 직경의 구멍을 뚫어 동전 크기만 한 뼛조각을 떼어냈다.

이제 궤도로 진입해야 할 때였다. 먼저 좌뇌에서 시작했다. 내가 전선을 진입시키고자 하는 바로 그 자리에 전극을 찔러 넣고자 나는 거치대를 놓았다. 석유 시추 시에 설치되는 미니어처 유정탑 같아 보이는 그것을 놓고, 레이먼드의 뇌 속으로 전극을 떨궈야 했다.

MRI상으로 보니, 전극이 도달한 지점은 시상하핵 바로 근처였다. 하지만 '바로 근처'는 수술 부위가 아니었다. 특히나 이 수술에서는 단 1밀리미터의 차이도 중대했다. 정확히 시상하핵을 때려야 했다.

이제 전기생리학자가 넘겨받을 때였다. 우리가 스위트 스폿을 때렸는지 확인할 지도를 그가 그려줄 것이었다. 전기생리학자가 (마이크로폰 종류의) 전극을 사용해 주변 뉴런들이 전기적 활동을 하는 소리에 귀기울이고 컴퓨터에 그것을 입력하기 시작했다.

우리는 서서 함께 귀를 기울였다. 우리에게는 전화 연결이 잘 안 될 때 '지지직' 거리는 소리로 들릴 뿐이었지만, 전기생리학자는 신경 세포 그룹마다 각기 다르게 나오는 고유의 패턴들을 알아들을 수 있다. 새 사냥꾼이 황금방울새가 지저귀는 소리와 흰눈명금이 지저귀는 소리를 구분해 내듯 말이다.

"1밀리미터 앞으로." 그가 내게 말했다.

나는 레이먼드의 뇌 속으로 1밀리미터 더 깊숙이 장치를 들여보냈다. 소리 패턴은 변하지 않았다.

"다시." 그가 말했다.

조금씩 조금씩 나는 세 번 더 찔러 넣었다. 그러고 나자 소리 패턴이 변화하는 게 내 귀에도 들렸다. 뇌가 보내는 모스 부호였다!

"바로 거기예요, 명중!" 전기생리학자가 말했다.

1시간 정도 흐른 뒤, 다른 전극을 레이먼드의 우측 시상하핵에 위치시킨 후에 머리 고정 장치를 벗기고 절개한 두피를 녹는 실로 봉합했다.

오후 4시 무렵에 내가 레이먼드 상태를 확인해 보려고 잠시 들렀을 때, 그는 엄청나게 울고 있었다.

"레이먼드, 괜찮아요?" 내가 물었다.

"좋아요." 그가 눈물을 흘렸다. "짜증이, 훨씬 덜해요."

"그런데 왜 울고 계세요?"

"선생님, 기분이 훨씬 나아졌어요, 정말 무척 좋아요. 그런데 눈물이 고장 난 수도꼭지처럼 새요."

눈물을 통제할 수 없는 증상은 매우 드물게 나타나는 뇌심부자극술의 후유증 중 하나이다. 성욕 과잉, 무관심, 우울, 환각, 심각한 지능 저하, 심지어 도취감 등도 흔치는 않지만 나타날 수 있는 증상들이다. 우리는 사흘 동안 상태가 변하는지 지켜보았지만 그대로였다. 그는 이제 안약을 사용하고 싶은 충동을 느끼지는 않았지만, 눈물을 그칠 수가 없었다. 정말이지 너무 극단적인 반대의 상황이 아닌가! 인공 눈물을 끊임없이 넣다가, 이제는 자연 눈물을 넘쳐흐를 정도로 만들어내게 되다니.

우리는 결국 재수술을 해야 했다. MRI 검사를 하고 두개골에 구멍을 뚫은 것부터 전기생리학자가 뉴런 고유의 신호들을 청취하던 순간까지 전체 과정이 다시 반복되었다. 그리고 마침내 우리는 1밀리미터 더 깊이 찔러 들어갔다.

레이먼드가 깨어났을 때는 짜증도 눈물도 다 사라지고 없었다. 한 달 후 검사를 받으러 외래 진료를 왔을 때 그는 안약을 가지고 오지 않았다. 이 일을 겪고 나서, 나는 뇌심부자극술을 뇌의 '페이스메이커pacemaker'라고 부르는 것이 지나치게 단순화된 표현이라고 생각하게 되었다. 그 정도가 아니다. 이건 '마인드 컨트롤mindcontrol'이다.

🔦 괴짜 신경과학의 세계

기억력 촉진법?

뇌심부자극술은 매우 흥미로운 치료법이다. 그런데 이 시술이 기억력을 강화한다는 설이 있다. 이 치료법을 알츠하이머병의 초기 징후를 보이는 사람뿐 아니라 건강한 사람들에게도 적용할 수 있는지에 관해서는 십수 년간 연구되고 있다.

초기 실험 중 하나는 비만인 중년 남성의 식욕을 억누르기 위해 고안된 것이었다. 《신경학 연보Annals of Neurology》에 실린 연구에는 자극기의 전원을 켰을 때 무슨 일이 일어났는지 묘사돼 있다. "첫 번째 전기 자극 시험에서 환자는 데자뷔 감각을 묘사했다. 친구와 함께 공원에 있는 모습, 그에게 익숙한 광경이 갑작스럽게 떠올랐다고 말했다. 자신이 젊었을 때, 스무 살 무렵이라고 느꼈다. 많고 많은 사람 사이에서 여자친구를 발견했던, 그의 황금기였다. 그는 관찰자의 시점에서 자신의 모습을 보았다. 장면은 총천연색이었고, 사람들은 각기 다른 옷차림을 하고 대화를 나누고 있었는데, 그는 그들이 말하는 것을 알아들을 수가 없었다. 자극 강도를 올리자 장면은 더욱 생생하고 세밀해졌다. 맹인의 경우에도 일련의 전기 자극을 주자 이 같은 인지 감각을 느꼈다."[3]

이어서 전극은 남성의 뇌활fornix 근처에 놓였다. 이곳은 기억이 형성되는 위치로 신경섬유들이 지나가는 경로이다. 전압을 절반으로 낮춘 상태에서 자극을 계속 흘려보내자 그 후 몇 달 동안 언어적 기억력이 지속적으로 향상되었다. 하지만 결과적으로 남성의 체중 감소에는 도움이 되지 못했다.

이 연구에 뒤이어 UCLA와 이스라엘 텔아비브대학교 연구진들은 환자 7명의 해마와 주변 지역에 뇌심부자극술을 시행한 결과, 64퍼센트의 환자들에게서 기억력이 향상되었음을 발견했다.[4] 하지만 49명을 대상으로 행한 보다 큰 규모의 실험에서는 효과가 반대였다.[5] 자극이 기억을 오히려 손상한 것이다. 하지만 연구자들은 두 연구 사이의 어떤 기술적인 차이가 이런 상반된 결과들을 만들었는지 알아내지 못했다.

2018년 펜실베이니아주립대학교의 컴퓨테이셔널 메모리연구소computational memory lab 마이클 J. 캐허너Michael J. Kahana의 연구팀이 또 다른 실험을 했는데, 이들은 해마가 아니라 기억이 부호화되는 해마이외의 영역, 좌측 측두엽피질에 자극을 주었다. 뇌심부자극술로 뇌에 단순히 일반적인 자극을 보내는 것이 아니라, 먼저 참가자들에게 기억력 테스트를 받도록 하고 그동안 해당 영역에서 일어나는 전기적 활동을 기록했다.

실험 결과 두 가지 독특한 전기적 패턴이 발견됐는데, 기억력 테스트 성적이 좋을 때의 '영리한' 전기 패턴과, 기억력 테스트를 망쳤을 때의 '둔한' 전기적 패턴이 각각 달랐다. 그러고 나서 한 번 더 기억력 테스트를 하면서 전극을 이용해 '영리한' 패턴을 재생시키자, 기억 회상 능력이 15퍼센트 향상되는 것이 지속적으로 나타났다.

이 숫자가 크지 않게 느껴질지 모르지만, 2년 반 동안 알츠하이머 환자에게서 일어나는 기억력 '손실'의 정도와 같은 수치이다. "종합적으로 생각해 보면," 캐허너의 논문은 이렇게 결론짓는다. "이런 시스템들이 기억 장애를 치료하는 방법을 제공해줄 수 있으리라고 우리의 연구 결과는 말하고 있다."

미국에서는 알츠하이머병을 치료하는 데에 뇌 수술이 고려되지는 않지만, 매년 어떤 종류든 100만 건 정도의 뇌 수술이 이루어지고 있다. 머리를 여는 수술 없이 외부적 전기 자극술을 사용한 치료들이 무척이나 매력적으로 보일 만하지 않은가?

마비된 신체를 치료하기

척수 손상으로 인해 신체 일부가 마비된 환자들은, 운동성과 감각을 회복시키기 위해 앞서와는 다른 방식으로 뇌에 전극을 '심는' 시술을 받는다. 이 장치는 '신경 보철neuro-prosthetic'이라고 불리는데, 특정 운동에 관한 뇌의 신호를 추적해서 그 신호를 팔, 다리, 손 등을 제어하는 신경으로 직접 전송함으로써 척수 손상 부위에 작용한다.

'브레인게이트Brain Gate'는 가장 촉망받는 신경 보철 장치 중 하나로, 최근 어깨 아래가 마비된 53세 남성에게서 놀라운 성공을 거뒀다는 기사들로 언론을 장식했다.[6] 자전거 사고를 당하고 나서 8년간 손과 다리 등을 사용할 수 없었던 그의 운동피질에 2개, 팔에 36개의 전극을 심고, 브레인게이트 시스템으로 그의 뇌에서 나온 신호를 팔에 전달했다. 1년간의 훈련 끝에 마침내 그는 그릇에 든 식사를 하고, 컵으로 물을 마시고, 가려운 곳을 긁기에 충분할 만큼 사지를 뻗고 움키는 법을 습득했다.

우리의 움직임은 모두 우리가 팔, 다리, 손가락, 신체에서 얻는 감각들로 다듬어진다. 그러므로 다시 자연스럽게 움직이기 위해서는 잃었던 감각을 회복시키는 것이 매우 중요하다.

시카고대학교, 케이스웨스턴리저브대학교, 펜실베이니아대학교 등의 연구팀은 지우개보다 작은 크기의, 32개의 미세한 전극들이 삐죽삐죽 튀어나온 미세 전극판 2개를 만들었다. 그리고 2004년 차 사고로 인해 사지가 마비된 28세의 네이선 코프랜드Nathan Copeland가 이 실험에 자원했다.[7] 연구팀은 그의 두정엽(집게손가락과 새끼손가락의 느낌이 처리되는 부위)에 이 뇌 임플란트를 이식한 뒤, 전극을 로봇 팔다리의 감지기에 연결시켰다.

처음에 코프랜드는 자신의 로봇 손가락에서 톡톡 쏘는 느낌을 받았다. 몇 주 후에는 손가락에 뭔가가 닿거나 누르는 감각까지 느꼈다.

"다섯 손가락 전부 감각이 느껴집니다. 정말로 오묘한 느낌이에요." 그는 말했다. "때로는 전기가 찌르르한 것 같고, 때로는 눌리는 느낌인데, 손가락 감각이 확실하고 정확하게 느껴져요. 누가 내 손가락을 만지거나 누르는 것 같습니다."

뇌와 기계의 쌍방향 인터페이스는 공상과학 영화 속 이야기처럼 들리지만, 생체공학적 미래로 가는 데는 이제 겨우 한 발짝 남았을 뿐이다.

🧠 두뇌 운동

미주신경 긴장도vagal tone를 리셋하라

뇌에서 뻗어 나온 독특한 신경 12개가 있는데, 이 신경들은 두개골에서 얼굴로 뻗어나가며, 촉각, 시각, 청각, 미각을 조정한다. 이것들은 뇌신경cranial nerve이라고 불리는데, 그중 제10뇌신경인 미주신경은 '방랑 신경wandering nerve'이라는 별칭으로 불린다. 12개의 신경 중 유일하게 얼굴에서 심장, 폐 주변까지 영향을 미치기 때문이다. 이 신경은 두개골 바닥에 있는 미세한 구멍에서 나와 목으로 내려가 경동맥carotid artery과 경정맥jugular vein 사이로 들어간다. '방랑 신경'을 잘라 절단면 끝을 보면, 중추의 신호를 흉곽으로 보내주는 원심성 신경섬유efferent fiber를 볼 수 있다. 여기에 우리 뇌가 스트레스 혹은 휴식 상황에서 심박수를 조절하는 신경섬유들 절반이 있는데, 이 섬유들은 특히나 휴식 상태에서 활성화된다. 종교 수행자들이 수년 동안 홀로 수행하면 이 섬유들이 활발하게 이용되면서 심박수가 낮춰지기도 한다.

잘 알려진 사실은 아니지만 방랑 신경은 쌍방향 체계다. 이 신경의 구심성 신경섬유afferent fiber는 심장과 폐에서부터 다시 두개골로 신호를 보내어 편안하고 차분한 상태로 진입하라는 정보를 뇌에 전달한다. (즉, 원심성 신경섬유는 신호를 중추에서 말초로, 구심성 신경섬유는 말초에서 중추로 옮기는 역할을 한다 - 옮긴이). 이 섬유들은 우리가 조절할 수 있다. 심지어 중간에 끊어버릴 수도 있다. 어떻게 그럴 수 있을까? 그 방법은 바로 강도 높은 마음 챙김 호흡이다. 명상 호흡은 미주신경 긴장도를 초기화함으로써 스트레스 반응과 뉴런의 전기 진동을 진정시킬 수 있다. 신경과학적으로 말하면, '신경망 리셋network reset'이라고 한다. 뇌에 카테터와 전극 들을 삽입하는 시술이 점점 대중 속으로 파고들고 있지만, 감정을 조정하는 우리의 기본적인 능력은 사실 타고난 기술이라는 말이다.

명상 호흡법만으로 레이먼드가 충동적으로 안약을 사용하는 행위를 멈추게 할 수 있다고 말하는 것은 아니다. 명상만으로는 네이선 코플랜드의 손가락 감각을 회복시킬 수도 없다. 다만 이렇게 말하고 싶다. 절대로 우리 뇌가 지닌 힘을 과소평가해서는 안 된다고.

◉ 뇌, 딱 걸렸어 ─────────────

텔레파시

일론 머스크Elon Musk는 뉴럴링크Neuralink라는 회사를 시작하는 데 2,700만 달러의 사비를 털어 넣었다. 군더더기 없이 필요한 내용만 딱 써놓아 지나치게 간결한 이 회사의 웹사이트에는, 다음과 같은 회사 소개가 쓰여 있다. "뉴럴링크는 인간과 컴퓨터를 연결하는 초광대역 뇌 인터페이스 기계를 개발하고 있다."[8] 두바이에서 한 강연에서 머스크는 이렇게 말했다. "시간이 흐름에 따라 생물학적 지능과 디지털 지능의 결합이 더 가까워질 것이라고 저는 생각합니다. 두 지능이 상호 작용을 하는 데 있어 가장 중요한 것은 대역폭bandwidth입니다. 그러니까 우리의 뇌와 디지털화된 우리 자신을 연결하는 속도가 (특히 인출 면에서) 얼마나 빠르냐에 달려 있다는 것이죠."

팀 어반Tim Urban이라는 블로거는 '마법사의 모자wizard hat'로 불리는 기술(두뇌와 컴퓨터를 결합해 '텔레파시'로 소통하는 기술 - 옮긴이)을 만드는 회사의 목표에 관해 머스크와 대화를 나눈 바 있다.[9] 이런 혁명적인 일이 일어나기까지 얼마나 걸릴 것 같느냐는 질문에 "사람들이 이것을 사용하기까지는 8년에서 10년 정도 남았다고 생각합니다"라고 머스크는 대답했다. 하지만 지금까지 공상과학 소설에서나 묘사된 뇌와 뇌 사이의 직접적인 커뮤니케이션─텔레파시와 거의 유사한 일을 해내는[10]─은 무척이나 복잡하며 속도도 너무 느리다. 하버드대학교와 스페인 회사 스타랩Starlab의 연구자들은 EEG와 경두개 자기자극술

TMS,transcranial magenetic stimulation(자기에너지를 이용해 뇌 신경세포를 비침습적으로 자극하는 방법. 파킨슨병이나 우울증 등을 치료하는 데 쓰인다-옮긴이)을 결합한 커뮤니케이션 방식을 개발했는데, 이를 통해 4개의 철자로 이루어진 단어 하나를 전송하는 데만 몇 시간이 걸린다.

　그런데⋯ 과연 이런 텔레파시가 우리의 미래에 필요하긴 한 걸까?

12.

전기충격요법

챙Chang 부인의 진료 기록부 첫머리
에 따르면 그녀는 64세의 여성이며, 긴장성 조울증을 40년 동안 앓아
왔다. 나는 병실 밖에 서서 진료 기록과 그녀의 담당 정신과 의사가 써
준 진료 의뢰서를 읽고 있었다.

1999년, 그해는 마침내 실제로 환자들을 대면하게 된 해였다. 당시
에 나는 의과대학 3학년으로 순환 실습을 하던 중이었고 그때는 정신
과를 돌고 있었다.

정신이란 기이한 것이었다. 강렬한 이야기들, 고통에 몸부림치는
영혼들…. 하지만 환자들에게 해줄 수 있는 게 거의 없다는 것이 정신
과에 대해 학생들이 익히 들은 사실이었다. 나는 약을 거부하는 조현
병 환자와 거식증으로 영양실조에 걸린 10대들, 감옥에서 단 며칠이
라도 해방되기 위해 꾀병을 부리는 기결수 등 다양한 인간 군상을 보
게 됐다. 3개월간의 정신과 실습을 시작하기 전까지는 오직 책으로만
접하던 이런 질환들을 정신과 레지던트들과 주치의들을 보조하면서
실제로 만났다. 그날 아침의 내 업무는 챙 부인에게 무슨 일이 있었는

지 알아내는 것이었다.

　병실로 들어가자 세 사람이 의자에 앉아 있었다. 40대 중반의 남성과 여성, 그리고 챙 부인이 있었다. 허리가 굽은 챙 부인은 재킷을 걸치고 있었다. 그녀의 칠흑 같은 머리카락 사이로 관자놀이 위에 붙은 흰색 전극 줄이 보였다. 그녀는 내게 시선을 주지 않고 오직 앞만 똑바로 응시하고 있었다. 챙 부인의 옆에 있던 남성과 여성이 자리에서 일어나 자신들이 부인의 아들과 딸이라고 말했다. 우리 세 사람은 자리에 앉았고, 나는 그들의 어머니에게로 시선을 돌렸다.

　"부인, 기분은 어떠세요?"

　그녀의 눈은 맞은편 벽에 고정되어 있었다. 시선에는 한 치의 흔들림도 없었다.

　나는 딸에게로 몸을 돌리며 물었다. "어머님의 담당 정신과 의사 선생님이 써주신 진료 의뢰서를 봤습니다. 어머니가 왜 힘들어하시는지 더 알려주실 게 있습니까?"

　챙 부인은 상하이에서 첫 진단을 받았다고 했다. 자녀들은 어린 시절부터 엄마가 이따금 며칠 혹은 몇 주씩 누워 있는 것을 보았다. 그러다가 어떤 날은 들떠 있고, 모르는 사람들에게 돈을 막 나눠 주기도 했다. 에너지를 주체하지 못해 며칠간 잠을 이루지 못하기도 했다. 중국식 한방약에만 의존하던 부인에게 남편은 리튬lithium을 처방받아 주었다. 1968년에 전 세계적으로 정신질환 치료약으로 인정받은 약이었다. 1970년대 후반에 가족이 미국으로 이주한 뒤로도 부인은 계속 리튬을 처방받았다. 당시에는 리튬이 조울증에 기본으로 처방되던 약이었다. 그 이후 그녀는 1988년부터는 프로작을 추가 처방받았다. 그리고 지금까지 그 약들은 계속 잘 들었다고 했다.

"어머니 상태가 이렇게까지 나빴던 적은 없습니다." 아들이 말했다.

"엄마가 살아 계신 것 같지가 않아요." 딸이 말했다.

"그래서 전기충격요법을 받았으면 싶어요." 아들이 말했다. "담당 의사가 그걸 추천하더군요. 그래서 여기에 온 겁니다."

우리가 대화하는 동안, 챙 부인은 마치 바위처럼 앉아 있었다. 나는 두 자녀의 감정을 파악하고 싶어서, 두 사람에게서 시선을 떼지 않고 진료 기록부를 곁눈으로 보았다.

"정신의 암 같은 건가요?" 딸이 말했다. "이제 엄마는 스스로 음식을 먹을 수도 없고, 우리가 음식을 먹여드리는 것도 거부해요. 거의 8킬로그램이나 살이 빠졌어요. 더 이상 뭘 해야 할지 모르겠어요."

아들은 지쳐 보였지만 단호한 시선으로 나를 보며 말했다. "선생님 어머니라면, 전기충격요법을 받게 하실 건가요?"

전기충격요법ECT, electroconvulsive therapy은 그때도 사용되고 있긴 했지만, 나는 그 요법은 아직 잔존하는 구시대의 유물일 뿐이라고 생각했다. 당시 보통 사람들이 그랬듯 나 역시 전기충격요법이라는 단어를 들으면 잭 니컬슨이 열연을 펼친 영화 〈뻐꾸기 둥지 위로 날아간 새〉를 떠올렸다. 영화에서 주인공 잭은 정신병원에서 일종의 벌로 이 치료를 받고난 후에 극심한 경련에 시달리며 질서에 복종한다. 내게 잔혹한 잔상을 남긴 영화였다.

그의 질문에 내가 대답하기 전에 문이 열리고 정신과 주치의가 걸어 들어왔다.

"라훌," 그녀가 말했다. "챙 부인은 어떤 상태죠?"

🧠 뇌, 딱 걸렸어

생각해 볼 문제

사람이 거의 감지할 수 없을 만큼 미세한 전류를 흘려보내는 형태의 뇌 자극술이 있다. 전 세계 연구자들의 지지를 빠르게 얻어 가고 있는 이 요법은 경두개 전기자극술로, 아주 낮은 전류가 나오는 전극이 달린 헬맷을 환자의 머리에 씌우는 치료 방법이다. 치료는 약 10분 정도지만, 그 효과는 몇 주 이상 지속된다. 많은 연구에서 이 치료법은 우울증을 완화하고 기억을 향상시키며 창의성을 끌어올리고, 카페인 섭취보다 주의력을 훨씬 더 높인다는 결과가 나왔다.

하지만 이런 효과들은 '있을 수 있는' 것일 따름이다. 모든 연구에서 이 효과가 입증된 것이 아니라는 말이다. 미 국립보건원을 포함해 전 세계적인 연구자들이 행한 가장 최근의 대규모 연구 중 하나는, 130명의 우울증 환자를 대상으로 했다.[1] 이 연구에서 나타난 결과는 터무니없게도, 경두개 전기자극술을 실제로 받은 사람들보다 가짜 치료—아무 효용이 없을 만큼 극히 낮은 전류를 흘려보냈다—를 받은 사람들이 실제로 기분이 더 나아졌다는 것이다.

하지만 이 치료법이 기억력, 창의력, 지력에 미치는 영향은 이보다는 훨씬 더 일관적이다. 경두개 전기자극술을 1회 혹은 일주일간 몇 차례 시행하자, 기억력과 문제 해결 능력이 향상되는 것으로 보였다. 모든 연구에서 이런 효과가 나타난 건 아니지만 건강한 청년층이든 기억력이 감소하는 신경학적 질환을 가진 노년층이든, 대부분의 참가자에게서 측정 가능한 수준의 향상이 이루어졌다. 심지어 영국 옥스퍼드대학교의 연구자들은 경두개 전기자극술이 대학생들의 수학 실력을 향상시켰음을 발견했다.[2] 자극을 받은 후 6개월이 지나서야 효과가 나타났지만 말이다.

당황스럽게도 경두개 전기자극술 도구들이 자칭 '뇌 해커'들이 만든 DIY 제품으로 온라인상에서도 팔리고 있다. 집에서 자기 뇌에 자극을 줘보고 싶은 사람이라면 이런 두뇌 실험을 해볼 수도 있을 것이다. 적정한 전류를 설정한 뒤 적정 부위에 자극기를 갖다 대기만 하면 된다. 하지만 권장 시간보다 더 오래 하면 부작용이 일어날 수도 있다.

이 연구가 흥미롭고 전도유망해 보이는가? 무척이나 그렇다. 하지만 의사의 감독 없이 집에서 이런 실험을 해서는 안 된다고 말하겠다.

구명줄

많은 사람이 여전히 이 사실을 알지 못한다. 우울증과 조울증의 경우 약물로 조절이 안 될 때, 전기충격요법이 가장 빠르고 효과적인 치료법이라는 것 말이다. 이 요법으로 그 어느 것에서도 효과를 보지 못하는 주우울증major depression(기분 장애 문제가 2주 이상 지속되어 일상생활, 사회적·직업적 생활이 불가능한 상태로 치료가 필요한 우울증-옮긴이)을 앓는 환자의 90퍼센트가 며칠 혹은 몇 주 안에 진정되었고, 기억력에는 큰 영향을 미치지 않았다.[3] 종종 조현병 초기 단계에 이 요법이 시행되기도 한다. 〈뻐꾸기 둥지 위로 날아간 새〉와는 달리 지금은 치료를 하는 동안 경련을 일으키지도 않는다. 수술할 때 마취를 하듯이 미리 일시적으로 근육을 마비시키는 약물을 주입하기 때문이다.

하지만 50년 전 전기충격요법의 악명이 높았음을 부정할 수는 없다. 과거에는 전류량이 과해 그다음 날 자기 이름조차 기억할 수 없을 정도로 환자가 엄청난 혼란 상태에 빠지기도 했다. 어떤 사람들은 장기적으로 그 전 한 해 혹은 그 이상 기간의 기억을 잃기도 했다.

이제는 전류량이 상당히 작아져서 대부분의 경우 기억 손상은 경미하고 일시적이다. 예외가 있기는 하지만, 심각한 우울증이 지속될 경우 자살률이 20퍼센트에 달한다는 사실을 생각해 보면 그 위험은 감수할 만하다. 그리고 해마에 자극을 주지 않아 기억에 전혀 영향을 미치지 않고 우울증을 완화시키는 방법으로 자기요법magnetic therapy처럼 새로운 치료법들이 연구되고 있기도 하다. 문제는 이 치료의 효과가 단 6개월 정도 지속될 뿐이라 일부 환자들의 경우 재치료를 받아야 한다는 정도이다.

전기 치료가 어떻게 작용하는지는 아직 분명치 않다. 전기 치료가 뇌의 비정상적인 (EEG로 측정 가능한 종류의) 전기 진동을 보다 건강하고 정상적인 리듬으로 바꾼다고 생각하는 사람도 있다. 하지만 이것은 단지 이론일 뿐이다. 분명한 것은 약물로 효과가 없을 때 이 치료법이 '든다'는 점이다. 하지만 아직까지 전기 치료의 효과를 본 사람은 우울증 환자의 10퍼센트 정도뿐이다.

어째서 이토록 효과를 본 사람이 적을까? 의사들에게도 이 요법이 오랫동안 부정적으로 여겨졌기 때문이다. 무엇보다도 '경련'은 보통 치료해야 할 질병인데, 경련을 일으켜 또 다른 질병인 우울증을 치료할 수 있다는 게 말이 안 되는 것처럼 보이지 않는가? 신경외과 의사들에게 비정상적인 전기 진동은 제거해야 하는 대상이지만, 정신과 의사들에게는 이 전기 진동이 좋은 치료법이 될 수 있다. 즉 뉴런에 충격을 주어 정신을 리셋시키는 도구가 되는 것이다.

🏵 괴짜 신경과학의 세계

전기가 치료약?

과학자들은 1700년대에 전하를 발생시키는 방법을 알게 되자마자 이를 의학 치료에 사용할 수 있을지 연구하기 시작했다. 벤저민 프랭클린Benjamin Franklin은 히스테리 증상을 보이는 한 여성의 귀 근처에 고정적으로 전기를 발생시키는 기계를 갖다 대어 치료했다고 주장했다.[4] 1744년에는 《전기와 의약Electricity and Medicine》이라는 잡지가 발행되기까지 했다. 하지만 이 시기에 사용된 전기 요법들은 전하가 약해서 전기 충격을 발생시키기에는 한참 모자랐다.

정신 질환을 앓는 사람들에게 '경련을 일으켜' 치료하는 방법으로 처음 사용된 것은 인슐린insulin이다. 인슐린은 1921년에 발견된 지 6년 만에 정신과 의사 만프레드 사켈Manfred Sakel에 의해 조현병 환자들에게 대량으로 처방되었다. 그는 자기 환자들 88퍼센트가 인슐린을 처방받고 상태가 극적으로 호전되었다고 말했는데,[5] 이는 인슐린이 극단적으로 혈당을 떨어뜨려서 일시적인 경련을 유발했기 때문이라고 했다. 얼마 지나지 않아 경련을 유발하는 메트라졸metrazol이라는 또 다른 약도 등장했다. 1938년에는 이탈리아의 정신과 의사 우고 세르레티Ugo Cereletti가 뇌에 강한 전하를 사용해 더 빠르게 같은 효과를 냈다고 설명했다.[6] 그러나 그의 주장은 1940년에 미 정신의학회에서 신시내티Cincinnati의 정신의학자들이 전기충격요법에 대해 설명한 뒤에야 미국 내의 회의론자들에게 받아들여졌다.

얼마 후 이것은 주우울증에 대한 표준적이고 '현대적인' 치료법이 되었다.

벤저민 프랭클린의 전기 치료를 비롯해 '가짜 요법'이라고 치부된 많은 치료 방법이 우울증과 조울증에 효과적인 '진짜 치료법'으로 판명된 사례가 얼마나 많은지 알게 된다면 놀라지 않을 수 없을 것이다.

용두사미

챙 부인을 만나고 그녀의 자녀들과 대화를 한 지 2주 후, 나는 정신과 수석 레지던트, 마취과 의사, 전기충격요법실 간호사와 합류했다. 챙 부인은 왼쪽 팔에 링거를 매달고 이동 침대에 실려 왔다. 그녀는 여전히 긴장증적인 상태였고, 감각이 없어 보였다.

우리는 부인의 이마에 열을 식히는 젤을 바르고, 작은 철제 꼭지가 달린 흰색의 둥근 패치들을 붙였다. 양쪽 관자놀이에 전기를 전달하는 용도로 하나씩, 뇌파를 읽는 용도로 두 개 이상의 패치들을 붙였다. 준비가 다 끝나자 부인의 얼굴은 전선들로 장식된 것처럼 보였다.

학생으로서 내 일은 그녀가 혀를 깨물지 않게 하는 것이었다. 마취과 의사가 일시적으로 근육을 마비시키는 숙시닐콜린succinylcholine을 투여하고 있었음에도, 챙 부인의 턱은 단단히 다물려 있었다. 마취 상태에 들기 전에 심한 고통이 느껴졌을 텐데도 말이다. 주치의가 내게 가로세로 4센티미터의 정방형 면 거즈 한 통을 가져오라고 지시하고는, 거즈를 느슨하게 담배 모양으로 말아서 그녀의 입 한쪽에 물려주었다.

전기충격요법 장치가 돌아갔다. 보기에는 그리 대단치 않은 물건이었다. 별다른 장식 없이 버튼과 다이얼이 달린 암회색의 토스터만 한 기계였다. 주치의가 다이얼을 550밀리암페어, 0.5밀리세컨드로 맞췄다(이는 60와트 전구를 밝히는 정도의 전력을 1천 분의 0.5초 동안 보낸다는 말이다). 그러고 나서 우리에게 고개를 끄덕여 보이고는 전기를 내보내는 버튼을 눌렀다. 눈에 띄는 변화는 없었지만, 그녀의 발가락이 일시적으로 떨렸고, 턱이 씰룩거렸다. 심장 모니터는 변화가 없었지만, 뇌파는 요동치고 있었다.

15분 후, 우리는 챙 부인이 깨어날 때까지 주위에 서 있었다. 그녀는 여전히 시선을 먼 곳에 고정하고 있었고, 아무 말도 하지 않았다. 눈에 띄는 상태 변화는 보이지 않았다.

나는 회복실로 그녀를 데리고 갔다. 자녀들이 그 모습을 보고 다가

왔다. 그녀는 이틀 후인 수요일에 또 한 번 치료를 받을 예정이었고, 금요일에 세 번째 치료가 있었다. 그 이후로도 몇 차례의 치료 예약이 잡혀 있었다. 우리는 그저 어떻게 될지 지켜보는 수밖에 없었다.

재탄생

2주가 지나고 여섯 번의 전기 치료 한 세트가 다 끝난 후, 나는 관찰실에 가서 챙 부인과 자녀들을 만났다. 첫 번째 시술에서 그녀에게 아무런 변화도 없었던 데다 그 후 그녀를 보지 못했던지라 어떤 변화가 있으리라고는 거의 기대하지 않았다.

세 사람은 예전과 똑같은 자리에 있었다. 챙 부인을 사이에 두고 아들이 오른쪽, 딸이 왼쪽에 있었다. 나는 두 자녀와 악수를 했다. 그런데 챙 부인이 나를 향해 고개를 들어 올리더니 손을 위로 올리는 게 아닌가! 순간 허를 찔린 것 같았다. 우리는 처음으로 반갑게 악수했다.

그녀의 정신에 채워져 있던 족쇄가 벗겨진 듯했다. 그녀는 우울증의 손아귀에서 놓여날 수 없었던 자신의 인생에서 놀라운 일이 일어났다고 이야기했다. 완벽하지는 않지만 놀라울 만큼 말도 유창하게 했는데, 좌측 측두엽이 일부 손상된 후 언어 기능을 되찾은 사람들의 수준이었다. 그녀의 뇌는 구조적으로 손상된 적이 없었기에 원래의 감각을 회복한 것이라고 설명할 수는 없다. 오히려 곤두서 있던 뇌의 전기적 리듬이 원래의 상태로 되돌아왔다는 설명이 더 적합할 것이다.

그때 목격한 일을 생각하면 아직도 놀랍다. '절개'가 없이도 극적인 변화를 얻어냈기 때문이다. 한때 비난의 대상이었던 이 요법이 발휘한 효과는 의학의 위대한 성취라 할 수 있었다. 몇 달 동안 말하지도, 마음대로 움직이지도 못하던 여인, 수십 년 동안 우울증으로 고통받았던 한 여인은 정신에 채워져 있던 족쇄에서 풀려났다!

이제 나는 챙 부인의 아들이 나에게 했던 질문에 어떻게 대답할지 알고 있다.("선생님의 어머니라면, 전기충격요법을 받게 하실 건가요?")

1초도 생각하지 않고 당장에, "하겠다"라고 말할 것이다.

🧠 두뇌 운동

정신을 위한 식단

이 장에서 설명한 전기충격요법은 약이나 상담으로 효과를 보지 못하는 주우울증 환자들에게만 적용된다는 점을 분명히 말하고 싶다. 우울증 증상이 덜 심각한 경우에는 매일 어떤 식단을 택하느냐도 기분에 영향을 미칠 수 있다. 제9장에서 나는 간질을 앓는 아동들의 경련을 억제해 주는 케톤체 생성 식단을 설명하면서 음식의 힘에 관해 이야기한 바 있다. 최근 우울증과 불안이 비정상적인 뇌파에 따라 일어난다는 견해가 부상하고 있는데, 이에 따라 정신영양의학 분야 의사들은 불안을 감소시키고 기분을 나아지게 하는 식단을 처방하고 있다.

내가 발견한 흥미로운 사실 하나는, 정신 건강을 증진하기 위해 처방되는 식단이 치매를 예방하는 마인드 식단과 정확히 겹친다는 점이다. 시카고 러시대학교 의학센터Rush University Medical Center의 연구 결과, 과일, 채소, 통곡물을 섭취하는 노년층은 우울증을 앓는 경우가 훨씬 적었다.[7] 그 외 두 건의 임상시험에서 밝혀진 결과는 더욱 흥미롭다. 우울증 환자들이 영양학자로부터 건강한 식단을 섭취하는 방법에 관해 조언받은 뒤에 증상이 호전됐다는 것이다.[8]

그렇다면 영양학자들은 어떤 종류의 식단을 권장할까? 우리는 이미 그 답을 알고 있다. 붉은 육류, 튀긴 음식, 지방, 탄수화물은 줄이고, 과일, 채소, 해산물, 통곡물을 많이 섭취해야 한다.

여기서 궁극적으로 얻을 수 있는 교훈은, 많은 사람이 우울한 기분을 느낄 때 '편하게 먹는 음식', 그러니까 햄버거와 튀김 같은 패스트푸드가 실제로 편안함을 안겨주지는 않으리라는 점이다.

13.

줄기세포와 그 너머

암세포를 죽이고자 환자의 뇌에 살아 있는 줄기세포를 주입한 사람은 내가 처음이 아니다. 사실, 나는 두 번째도 아닌 세 번째 사람이다.

나는 시티 오브 호프에서 신경외과 의사 버넘 베이디Behnam Badie 박사와 마이크 첸Mike Chen 박사가 이끄는 임상시험팀에 참여하고 있다. 여기에서 우리는 수술 집도만이 아니라 암세포를 추적하고 뿌리 뽑기 위해 뇌에 신경줄기세포NSCs, neural stem cells를 직접 주입하는 시술도 맡고 있다.[1]

알다시피 줄기세포는 그 어떤 조직 세포로든 분화할 수 있다. 뼈, 피부, 뇌, 근육 뭐든 우리 신체에서 온갖 다른 세포들의 뿌리가 되는 것이다. 신경줄기세포는 신경 체계 안에 있는 어떤 유형의 세포든 될 수 있다.

흥미로운 특징 중 하나는 신경줄기세포는 뇌의 종양 쪽으로 끌려 간다는 점이다. 우리 팀의 관심사는 이것이었다. '신경줄기세포를 뇌의 다른 부분에는 영향을 미치지 않고 암세포에만 선별적으로 화학요법이 작용하도록 변화시킬 수 있을까? 우리는 신경줄기세포의 DNA 에서 사이토신 디아미네이즈cytosin deaminase라는 효소가 발현되도록 조작했다.

지루하겠지만, 조금만 더 읽어 주길 바란다.

사이토신 디아미네이즈는 그 자체로 암세포에는 아무 영향도 미치지 않는다. 하지만 5플루오로사이토신5-fluorocytosine이라는 항진균성 약물을 5플루오로우라실5-fluorocytosine이라는 화학약물로 '전환시키는' 능력이 있다. 5플루오로우라실은 혈뇌장벽을 통과할 수 없고, 5플루오로사이토신은 통과할 수 있기 때문에 사이토신 디아미네이즈의 이런 성질은 뇌암에 유용하다. 우리는 현재 상대적으로 부작용이 적은 항진균제 한 종을 확보하고 있으며, 그것을 환자 뇌의 종양 주변에 무리 지어 있는 신경줄기세포에만 가 닿는 화학 약물로 변환시킬 기술도 보유하고 있다.

임상시험에 참여한 15명의 환자 대부분은 이전에 교모세포종을 치료한 사람들이었다. 교모세포종은 희귀하고도 치사율이 높은 뇌종양으로 수술이나 화학요법, 방사선 치료 등을 받은 후 2년 이상 생존율이 단 2퍼센트밖에 안 된다. 2009년 매사추세츠주 상원의원 테드 케네디Ted Kennedy를 죽인 것도, 2015년 부통령 조 바이든Joe Biden의 아들 보 바이든Beau Biden을 죽인 것도, 2018년 애리조나주 상원의원 존 매케인John McCain을 죽인 것도 모두 이 병이었다. 이 종양들은 뇌 조직 근처의 틈으로 촉수를 뻗어 수술적으로 제거하기가 불가능하다.

그럼에도 우리는 낙관적으로 생각하며 연구를 시작했다. 교모세포종이 있는 쥐를 실험한 결과, 우리의 치료법이 효과가 있었던 것이다. 하지만 아직 인간을 대상으로 한 임상시험은 시행된 바 없었다. 그래서 우리의 임상시험에 참가하는 환자들에게 치료를 보장할 수는 없었다. 환자들은 임상시험 결과로 더 오래 살기를 바라는 마음도 있었지만, 한편으로는 이 끔찍한 질병으로 고통받는 다른 사람들을 위해 의학과 의약 발전에 이바지하고자 했다. 만일 이 치료로 환자들이 몇 달이라도 더 오래 살 수 있다면, 치료법 발전이 수십 년 앞당겨질 수 있다는 뜻이니 말이다.

환자들의 두개골을 열고, 우리가 변조한 200만 개의 신경줄기세포들을 심는 수술은 약 4시간이 걸렸다. 특별 제작된 시험용 튜브에 담긴 세포 용액들이 하얗게 소용돌이쳤다. 종양을 절개해 끄집어내고, 종양을 파낸 자리에 주삿바늘을 약 1센티미터 정도 찔러 넣은 뒤에 세포를 주입했다. 종양을 파낸 열 곳에서 스무 곳 정도 자리에 바늘을 찔러 넣고 세포를 주입하는 작업을 반복했다.

이 연구는 무척이나 흥분되는 것이었다. 그 흥분이 손에 잡힐 만큼 생생히 느껴졌다. 실험 첫날, CBS 이브닝 뉴스가 첫 환자에게 줄기세포를 주입하는 장면을 보도했다. 우리는 모두 이 실험이 역사의 한 장을 장식하리라는 사실을 알았다. 내가 하버드나 스탠포드가 아니라 시티 오브 호프를 택한 건 이런 연구를 할 수 있기 때문이었다. 시티 오브 호프의 이런 선진적인 사고는 단지 연구하고 발견하는 것뿐 아니라, 빠른 시일 내에 실현 가능한 치료법을 개발하도록 동기를 부여한다.

우리에게 질문은 이것 한 가지였다. 이 줄기세포가 실험 쥐에게 효과가 있었듯이 과연 우리 환자들에게도 효과가 있을 것인가?

느리지만 꾸준한 진보

환자들 누구도 이 치료로 인해 심각한 부작용을 겪지 않았다. 효과가 있을지 없을지 이전에 그 치료법이 안전하다는 것을 환자들에게 보여 줘야 했는데, 우리는 다행히도 그렇게 했다. 어떤 사람에게서 채취한 줄기세포의 유전자를 조작하여 다른 사람에게 집어넣었는데, 여기에서 잘못 작용하는 일이 없었다는 것은 그 자체로 놀랄 만한 일이었다. 세포 치료 연구 초기에 있어 매우 중요하고 근본적인 부분이었다.

두 번째로, 지원자들에게 주입된 유전자 조작 신경줄기세포들이 스스로 여전히 남아 있는 종양세포로 향해야 했다. 세 번째, 신경줄기세포들이 종양에 도달하면, 환자에게 주입된 항진균성 약물(5플루오로사이토신)을 항암제인 5플루오로우라실로 변형시키는 데 성공해야만 했다. 그리고 점검, 점검, 또 점검.

이 연구와 관련된 환자들과 그 가족들, 그리고 우리 연구자들이 가장 관심을 두는 부분은 이것이 환자의 삶을 연장해 주냐는 것이었다. 단 15명의 환자들을 대상으로 한 임상시험에서 이 답을 구하기는 힘들겠지만, 이 시험에서 발견된 사실들은 무척이나 도발적이다. 줄기세포를 저용량 혹은 중간 용량으로 투여받은 환자들은 이 시험 후 평균 3개월 미만 생존했는데, 고용량을 투여받은 환자들의 경우 평균 15.5개월가량 생존했다. 이것과 관련해 다른 방식으로도 살펴볼 필요가 있다. 저용량을 투여한 환자 9명 중 2명만이 12개월 이상 생존한

데 반해 고용량을 투여한 환자의 경우 6명 중 4명이 12개월을 생존했다는 점이다.

그러나 절망스러운 사실은 이 환자들 모두 현재는 살아 있지 않다는 것이다. 그러니 이 연구가 실패라고 말할 수도 있다. 하지만 이런 종류의 암을 치료받고 있는 사람이나, 그 예후가 얼마나 암울한지 아는 사람으로서 나는 이 결과가 암 치료에 있어 한 발 앞으로 나아가는 중대한 발걸음이라고 여긴다. 이 줄기세포 치료가 그 어떤 부작용도 발생시키지 않았다는 사실 하나만으로도 엄청난 소득이다. 효과를 예측할 수 있다는 점 역시 무척이나 중요하다. 이 치료가 생명 연장의 단서를 보여주었다는 사실도 놀라울 따름이다. 우리는 종양학계의 에베레스트산을 넘는 중이다. 산 위를 향해 가는 발걸음 하나하나가 모두 환자를 치료한다는 목표를 향해 있다. 이 과정에서 배운 교훈들은 전반적으로 종양학 연구에도 의미가 있을 것이다.

종종 나는 암이 치료 가능한 병이냐는 질문을 받는다. 그건 어느 암이냐에 따라 다르다. 암은 200종류가 넘으며, 제각기 다양한 단계를 지니고 있다. 솔직히 말해서 교모세포종 같은 극도로 공격적인 종류의 암이라면, 이것을 만성 질환으로 바꾸어 수명을 조금이라도 연장하는 것만으로도 어마어마한 위업이 될 것이다. 인체면역결핍바이러스 human immunodeficiency virus(이하 HIV)의 경우 이런 진보가 이루어져 있다. 아직 치료법은 발견되지 않았지만, HIV 환자들은 현재 더 오래 살고 있다. 공격적인 암에 대해서도 이를 목표로 하는 것이 일견 합리적으로 보인다. 하지만 다른 암이라면, 치료가 가능하다고 말하겠다.

이와 관련해서는 다음에 더 설명하겠다.

살아 있는 약물: 면역 치료

뇌암을 치료하는 데 이용되는 살아 있는 세포는 신경줄기세포만이 아니다. 면역 요법으로 종양을 치료하는 방법을 개발 중인 우리 팀에서는 '키메릭 항원 수용체 T세포chimeric antigen receptor T cell', 다시 말해 CAR-T세포를 이용한다.

여기서 잠깐 다른 설명을 먼저 해야 할 것 같다.

'키메라chimera'라는 단어는 그리스 신화 속에 등장하는 사자 머리에 염소 몸통, 뱀 꼬리를 지닌 괴물로, 숨을 쉴 때마다 불을 내뿜는다. CAR-T세포에 '키메라'라는 이름이 붙은 이유는, 사람의 혈액에서 채취한 일반적인 T세포(광범위한 종류의 박테리아 혹은 바이러스를 인지하고 공격하는 백혈구)에 일종의 '사자 머리'가 덧붙어 만들어지기 때문이다. 그리하여 T세포가 암을 추적하고 파괴하도록 안내하는 분자 신호를 발생시키게 된다. 키메라에서 T세포 부위는 강력한 킬러이며, T세포에 붙어 있는 이 항체는 더욱더 표적을 잘 겨냥하여 공격하며, 부작용이 적다.

CAR-T세포치료법을 위해서는 먼저 환자 본인의 혈액에서 T세포를 추출한다. 다음으로 해당 환자의 특정 암 수용체를 덧붙이고, 활성화된 감응형 T세포를 수백만 개 복제한다. 이렇게 만들어진 환자 맞춤형 세포들은 더 강력한 면역 세포가 되어 환자의 혈액으로 다시 투여된다.

CAR-T세포치료법은 전 세계적으로 백혈병과 그 밖의 혈액 질환에 대해 전례 없는 성공을 거두었다. 죽음의 문 앞에 있던 사람들은 회복되어 암의 징후 없이 몇 년 더 생을 지속했다.

이 책이 발간될 시점에 나는 두 명의 외과 의사와 함께 CAR-T세포 연구를 시작하기로 했다. 우리가 상대할 뇌암은 앞서 언급했던 교모세포종은 아니다. 그보다는 훨씬 일반적인 종류로, 유방암이 뇌로 전이된 사례다. 이 뇌암은 유방암 세포에서 기인한 것으로, 환자의 혈관을 빠져나와 뇌의 혈뇌장벽을 돌파해 새로운 종양으로 뿌리내린 것이다.

뇌로 암이 전이된 유방암 환자들의 경우 현존하는 치료법으로는 통상 몇 년 생존할 따름이다. 이 가능성을 늘리고자 나는 여성 환자들의 뇌실을 절개하고 CAR-T세포들이 뇌척수액으로 직접 떨어지도록 미세 플라스틱 튜브를 꽂는 시술을 한다. 이 작은 플라스틱 튜브가 몇 달에 걸쳐 유지되면서 뇌척수액이라는 호수는 CAR-T세포로 채워질 것이다.

이 연구가 끝날 때까지 그 결과는 누구도 알 수 없지만 나는 희망적으로 생각한다. 백혈병에 그랬듯이 이 요법이 이런 유형의 뇌암에도 효과적이라면, 암에 맞서 싸우는 환자들에게 '게임 체인저game changer'가 될 것이다.

성인의 뇌에서도 새로운 뉴런들이 증가하는가?

나는 2006년에 라호야에서 의학박사 학위를 받았는데, 그보다 8년 전 그곳에서는 신경과학계의 통설이 뒤집히는 일이 일어났다. 1998년, 《네이처 메디신Nature Medicine》에는 프레드 러스티 게이지 Fred Rusty Gage의 혁명적인 논문이 게재되었다. 새로운 기억을 형성하는 데 관여하는 해마의 신경줄기세포들에서 매일 새로운 뉴런들이 만들어진다는 내용이었다.[2]

이런 현상은 먼저 새에게서 발견되었다. 짝짓기 계절마다 더 멋지고 복잡한 사랑의 세레나데를 부르고자 새의 줄기세포들은 새로운 뇌 조직으로 뻗어나가고 연결된다. 이 연구에서 게이지는 (인간이 아닌) 영장류도 성인이 될 때까지 새로운 뇌세포가 꾸준히 생겨난다는 사실을 발견했다. 게이지의 논문 이전까지 인간 성인에게서 이런 사례는 발견된 바 없었다. 곧이어 다른 연구팀이 뇌 안쪽에 있는 뇌실 내벽을 따라 줄지어 있는 신경줄기세포에서 새로운 뉴런이 생성된다는 것을 발견했다. 이 같은 발견은 신경줄기세포가 스스로 활성화되는 속도를 어떻게 촉진하는지 알아보기 위한 연구와, 신경줄기세포를 알츠하이머병이나 파킨슨병, 암이나 신경 손상으로 인해 손실된 뉴런들을 대체할 수 있을지 알아보려던 20여년간의 연구에서 나온 것이었다.

운동을 통해 새로운 뉴런을 더 많이 만들어낼 수 있다는 연구 결과도 있다. 한편, 약물, 전기 자극, 뇌 훈련 등 온갖 종류의 자극이 새로운 뉴런을 생성하는 데 영향을 미치는지에 대한 연구도 있었다.

그러던 중 2018년 3월, UC샌프란시스코에서 다시 한번 이런 가설이 뒤집히는 연구 결과가 나왔다. 끈질기게 추적했지만 새로운 뇌세포가 만들어진 징후는 전혀 없었다는 내용이었다.

아르투로 알바레스-부일라Arturo Alvarez-Buylla 주도하에 미국 로스앤젤레스를 비롯해 중국, 스페인 등지의 연구자들은 태아 단계부터 77세에 이르기까지 59개의 뇌를 조사했다. 이 연구팀은 새로운 뉴런을 찾아내는 다양한 기술을 사용했지만, 해마에서만 1,400개 정도의 새로운 뉴런이 매일 새로 탄생한다고 밝힌 이전의 연구들과는 달리 새로운 뉴런을 아무것도 발견하지 못했다고 말했다.[3]

게이지는 즉시 반발했다. 그는 자신이 연구한 뇌는 오직 새로이 분화된 세포들에만 달라붙는 영상용 분자를 투여받는 데 동의한, 암 치료 중인 환자들의 것들이며, 환자 사후에 확인한 결과 수백 개의 뉴런에 분자가 부착되어 있음을 발견했다고 주장했다.

하지만 성인의 신경 조직 발생과 관련해서는, 어떤 하나의 연구를 통해 결과를 확신하는 건 착각일 뿐일 정도로 수없이 많은 연구가 이루어졌다. 나의 이런 의심이 놀랍다면 과학은 종교가 아님을 기억해주길 바란다.

과학은 연구자가 의문을 품고 가설을 세우고 그 가설을 시험해 볼때만 앞으로 나아갈 수 있다. 알바레스-부일라의 연구가 신경발생학의 초기 연구들이 모두 잘못되었음을 밝히고 그 자리를 차지하게 된다면, 나는 가장 먼저 그의 이론을 받아들일 것이다. 하지만 그전까지는 다양한 가능성을 열어 둘 것이다.

이 논쟁은 아직 끝나지 않았지만, 나는 인간 뇌의 특정 부분에서는 평생 동안 뉴런들이 만들어진다고 믿는 주류 과학자들 편에 서 있다.

내가 확신할 수 있는 한 가지는, 결국에는 암을 비롯한 다른 뇌 질환들을 극복할 어떤 종류의 세포 요법이 (줄기세포와 연관이 있는 CAR-T세포와 연관이 있든) 등장하게 되리라는 것이다. 다만 이는 내일의 일은 아닐 것이다. 내가 살아 있는 동안 이런 일은 일어나지 않을 수도 있다. 하지만 과학자들은 계속 찾고 있으며, 끈질기게 앞으로 나아가고 있다.

알츠하이머병 환자들을 위한 희망

살아 있는 세포 요법을 적용할 수 있는 뇌 질환이 암뿐만은 아니다. 세포 요법은 노화하거나 손상된 조직을 교체할 수 있는 잠재력도 있다. 그런 이유에서 변형줄기세포modified stem cells가 재생 약물 관점에서 알츠하이머병 치료법으로 연구되고 있는 것이다.

최신 생명공학 기법들을 사용한 최근의 한 연구 결과는 과학자들을 깜짝 놀라게 했다. 50세에서 65세 사이의 이른 나이에 알츠하이머병이 발발한 환자들에 관한 기존 연구를 뒤집는 결과였다.[4]

이 연구는 초기 알츠하이머병을 유발한다고 알려진 프레세닐린 2presenilin 2라는 유전적 변이를 지닌 두 자매에게서 피부 세포를 채취하는 데서 시작됐다. 자매의 어머니 역시 일찍이 알츠하이머병을 앓았으며, 그녀들은 어머니처럼 둘 다 인지 기능이 저하되는 초기 증상을 보였다. 자매들의 피부 세포는 일련의 시험관 처리를 통해 유도만 능줄기세포iPSc,induced pluripotent stem cells라는 종류의 줄기세포로 회귀했다. 그 후 이 줄기세포들은 기저전뇌 콜린성 신경세포basal forebrain cholinergic neurons라고 불리는 특정한 유형의 뇌세포로 발달하도록 처리되었다. 일종의 세포 연금술이 이루어진 것이다.(영화〈벤자민 버튼의 시간은 거꾸로 간다The Curious Case of Benjamin Button〉를 떠올려 보라. 벤자민 버튼 역을 맡은 브래드 피트는 노인으로 태어나서 어린아이로 '성장'한다.)

마지막으로, 연구자들은 크리스퍼/카스9CRISPR-CAS9라는 최신 유전자 편집 마법을 사용해 성숙된 이 세포 속에서 변이를 교정했다. 이 기술은 분자 가위와 분자 봉합 같은 역할을 하며 과학자들이 원치 않는 유전자 염기서열을 제거하고 새로운 유전자 염기서열을 주입할 수 있게 해준다. 문서 편집을 하듯 말이다. 2012년에 발표되어 2014년에 처음으로 인간 세포에 적용된 이 기술은 언젠가는 모든 유전자 변이를 바로잡게 될 날이 오리라는 희망을 준다.

연구자들은 이 두 자매를 통해 변형된 새 세포들이 어떻게 작동하는지 알아보고자 했다. 변형된 이 세포들이 작동하기는 하는지, 그리고 안전한지 말이다. 연구자들은 신경세포들을 자매의 뇌에 직접 주입하는 대신 먼저 시험관에 넣고 활성화한 다음에 그 움직임을 관찰했다. 기쁘게도 이 변형 신경세포들은 정상적이었다. 건강한 전기적 성질 및 정상적인 수치로 베타아밀로이드beta amyloid를 생성해 냈던 것이다. 알츠하이머병 환자의 경우 베타아밀로이드 단백질이 비정상적으로 많아져서 세포들 간의 정상적인 소통이 저해된다.

다음 단계는 쥐 실험을 해보는 것이 될 것이라고, 이 연구팀을 이끄는 마운트시나이 의과대학의 샘 간디Sam Gandy 박사는 말했다. 간디 박사의 연구팀에 피부 세포를 기증한 두 자매에게는 당장 도움이 되지 못하겠지만, 의학은 꾸준하게 발전해 나가고 있다.

⊜ 뇌, 딱 걸렸어 ────────────

구매자들이 알아야 할 것

현재 우리는 온라인에 접속만 하면 줄기세포로 어떤 질병이든 치료한다는 장사치들의 감언이설을 볼 수 있는 지경까지 와 있다. 줄기세포 치료법을 제공한다고 광고하는 회사 중 '자격 있는' 의사가 있는 곳은 극히 일부라는 사실이 가장 우려스러운 점이다.

나는 이런 업체를 직접 만나본 적이 있다. 몇 년 전, 줄기세포 치료가 만병통치약이라고 홍보하는 카자흐스탄의 한 클리닉에서 내게 방문해 달라고 청한 것이다. 이들은 관절염부터 만성피로에 이르기까지 병증을 완화하고 싶어 하는 사람들에게 정맥 주사로 줄기세포를 주입해 주는 치료를 하고 있었다. 어떤 사람들은 의학적 처치가 필요하지 않고, 단지 '회춘'을 희망할 따름이었다. 회사 관계자들은 내게 자신들의 치료법을 지지해 주길 바라는 것 같았지만 나는 확답을 하지 않았다.

아스타나Astana는 20세기 마지막 해가 시작될 즈음 세워진 카자흐스탄의 계획도시이다. 이 도시는 '스텝 지대의 우주 정거장' 내지는 '세계에서 가장 기이한 수도'라고 불리는 곳으로, 세계에서 가장 거대하고 넓게 펼쳐진 초원 지대 중간에 위치하고 있다. 초현대적인 첨탑들과 초고층 빌딩들이 황무지를 채우고 있고, '까르티에'와 '프라다' 같은 명품 매장들을 제외하고는 상업용 건물 대부분이 말젖을 가공하고 〈왕좌의 게임〉에서나 나올 법한 나무 몽둥이를 파는 가게들이다.

아스타나에 도착하자마자 나는 줄기세포 클리닉으로 차를 몰고 갔다. 무질서하게 뻗어나간 한 층짜리 건물이었다. 깔끔하고 깨끗한 내부가 꽃무늬 커튼과 깔개, 1970년대풍 가구 들로 장식된 모습이 흥미로웠다.

클리닉 소장이 나를 치료실로 안내했다. 치료실에는 백발의 노신사가 팔에 링거를 꽂은 채 앉아 있었다. 수려한 외모의 그는 대기업의 대표이사로 있다가 은퇴했다고 밝혔다. 그는 자신만만한 발걸음을 회복하고 싶다고 했다.

이것은 과학이 아니었다. 어이없는 짓이었다. 줄기세포는 비타민이 아니다. 사람들의 기분을 더 나아지게 하는 마술도 아니다. 대형 기업을 이끌었을 만큼 똑똑한 사람이 어떻게 이런 데 속아 넘어갈 수 있단 말인가?

다른 치료실에서는 또 다른 다섯 명이 처치를 받고 있었다. 두 사람은 미국에서 온 CEO 같았고 한 사람은 프랑스에서 왔으며, 나머지 사람들은 중국에서 왔다고 했다. 각각 2만 달러를 지불했다고 했다.

소장이 회의실로 나를 안내했다. 나는 그에게 줄기세포가 어디에서 온 것인지, 올바른 처리 과정들을 따랐는지, 효과를 얼마나 추적했는지 등을 물었다. 그의 대답은 과학을 모르는 사람에게 확신을 줄 만한 소리였지만, 내게는 완전히 '약 파는 소리'였다.

나는 의사로서의 태도를 잃지 않고 정중하게 대하려고 애썼다. 치료 중인 사람들에게 여기에서 당장 나가 당신 인생을 살라고 소리치거나, 의자를 집어 던지지도 않았다.

"제겐 비과학적으로 들리는군요"라는 말이 내가 소장에게 할 수 있는 전부였다.

하지만 그것은 정말로 나를 신경 쓰이게 했다. 그 회사가 사람들의 팔에 주입하는 가짜 약은 어쩌면 누구에게도 해를 끼치지 않을 수도 있다. 하지만 진짜 위험은, 의학적 치료를 받아야 할 '진짜 환자'들이 실제로 자신을 도와줄 치료법 대신 이것을 택할 수도 있다는 점이었다. 이들은 사람들의 돈을 갈취하고, 잘못된 희망을 불어넣고 있었다.

선구적인 줄기세포 연구에 참여하게 된 것은 내게 무척이나 영예로운 일이다. 하지만 그것들이 암이나 그 밖의 질환들을 언제, 어떻게 치료하게 될지, 과학은 아직 모르는 것이 훨씬 많다.

사람들의 절망에서 수익을 만들어내는 이런 클리닉에서 유전자 변형 물질을 주입받지 말라. 실제로 자신들이 무엇을 하고 있는지를 알고 있느냐에 관해서, 이런 클리닉들과 대학 연구소는 하늘과 땅만큼이나 차이가 크다.

눈먼 쥐가 눈을 뜨다

앞에서 언급한 많은 연구를 통해 우리는 뇌에 이식된 신경줄기세포가 살아남을 수 있다는 사실을 알고 있다. 시험관 안에서 신경줄기세포들이 제 기능을 하는 뉴런으로 성숙한다면 정상적으로 작동한다는 것도 알고 있다. 하지만 아직 해결되지 못한 주요한 의문이 있다. 변형된 뉴런들에서 기존의 뉴런들과 소통하는 데 필요한 만큼 축삭돌기와 수상돌기가 자라날 것인가 하는 점이다.

최근의 연구들을 토대로 하면 이 질문에 대한 답은 잠정적으로 '그렇다'라고 할 수 있다.

농부의 아내가 식칼을 휘두르며 쫓아가는 세 마리 눈먼 쥐에 관한 이야기를 들어본 적 있는가? (〈세 마리 눈먼 쥐three blind mice〉는 "세 마리 눈먼 쥐/ 세 마리 눈먼 쥐/ 그 쥐들이 어떻게 달려가는지 보세요/ 그 쥐들이 어떻게 달려가는지 보세요/ 쥐들이 모두 농부 아내 뒤를 따라 달려가는데/ 농부의 아내가 그만 식칼로 쥐들의 꼬리를 잘랐네"라는 민요-옮긴이)

신경생리학자 앤드루 휴버먼Andrew Huberman은 눈먼 쥐를 눈 뜨게 했다.[5]

먼저 그는 실험을 시작하면서 쥐의 안구 뒤쪽에 있는 망막신경절세포retinal gangrion cell라는 시신경을 으스러뜨렸다. 망막에 맞붙어 있는 이 세포들은 눈으로 수용된 빛을 취해 전기적 신경 신호로 변환시키는 기능을 한다. 이 신호들을 해당 세포의 축삭돌기 꼬리로 내려보내고, 뇌에서 신호가 처리되는 영역으로 들어가 시각적 인지를 할 수 있게 된다.

이 뉴런을 으스러뜨리자 쥐는 시력을 잃어버렸다. 하지만 그 현상이 오래가지는 않았다.

망막신경절세포를 으스러뜨린 뒤에, 휴버먼은 엠토르mTOR라고 불리는 단백질의 양을 증가시키는 유전자 요법을 시행했다.(엠토르는 세포의 성장과 유지를 촉진하는 물질로 알려져 있다.) 그와 동시에 눈먼 쥐들을 흑백 패턴이 움직이는 선명한 시각적 자극에 3주 동안 노출시켰다.

유전자 요법과 시각 자극이라는 두 가지 상황에서 쥐들은 점차 시각 이미지에 정상적으로 반응하기 시작했다. 예를 들어 머리 위로 어렴풋이 검은 그림자가 나타나면 쥐들은 달아나려고 시도했다. 쥐들이 모든 시각 이미지에 반응한 것은 아니지만, 시각이 일부라도 회복되었다는 점이 분명히 드러났다. 이는 전례가 없는 일이었다.

더욱 놀라운 사실은 재생된 망막신경절 세포에서 축삭돌기가 자라나, 눈 뒤쪽에서부터 뇌의 중앙 부근의 X자형 시신경교차optic chiasm라고 불리는 지점까지 뻗어나갔다는 사실이었다.

"놀라운 사실은 재생된 축삭돌기가 길고 복잡한 길을 거쳐 자기 자리로, 그러니까 뇌에서 자기가 가야 할 올바른 목표 지점을 찾아갈 수 있다는 것이죠…믿을 수 없게도 말입니다"라고 휴버맨은 말했다.

14.
젊은 뇌

1990년 8월, UC버클리에 들어갔을 때 나는 막 만 열일곱 살이 되었고, 지성의 불꽃에 몸 바칠 준비가 되어 있었다. 하지만 현실은 칙칙한 강당에서 팔백 명의 다른 학생들과 함께 앉아서 영상 프레젠테이션이나 쳐다보고 있을 뿐이었다. 다음 날에도 그런 식으로 수업이 진행됐고, 강의 내용은 글로 기록되어서 출석을 안 해도 그 내용을 볼 수 있었다. 점점 지루해졌고 환멸이 느껴졌다. 그래서 나는 첫 2년은 친구들과 어울리며 버클리, 오클랜드, 샌프란시스코 등지를 어슬렁거렸다. 그러는 동안 성적은 시험 전날 벼락치기 공부로 간신히 B나 C를 받았다.

2학년 때 나는 마지못해 학교에 다니는 시늉이나 하기보다는 대학 중퇴자가 되는 게 낫겠다고 생각했다. 내가 정말 하고 싶었던 것은 인간 본성에 관한 연구였지 제공된 강의를 듣기만 하는 게 아니었다. 그래서 나는 월 300달러에 원룸을 빌리고, 내가 다니던 대학 카페테리아에 보안요원으로 일하면서 뭔가를 찾아보고자 했다.

강의실에서 내 옆자리에 앉아 있던 학생들은 길가에서 푸른색 유니폼을 입은 나를 보게 되었다. 하지만 나는 신경 쓰지 않았다. 당시에는 사람들이 나를 어떻게 생각할지는 조금도 관심이 없었다. 일은 점심 반절과 저녁 반절씩 하루 5시간이었고 나머지 시간은 모두 내 것이었다.

버클리에서 오클랜드까지 향하는 텔레그래프가에 있는 레코드숍과 레스토랑, 갤러리 들이 모두 나의 수업장이 되었다. 히피, 자전거족, 노동자, 관광객, 교수, 사업가, 이민자, 아이, 부모 들이 모두 내 현미경 아래로 들어왔다. 하지만 충족되는 건 없었다. 여전히 나는 아무것도 모른다는 생각이 들었다.

그때 샌프란시스코 종합병원에서 자원봉사자들을 모집한다는 소식을 들었다. 그곳에서 나는 이동 침대 등에 묻은 피를 닦는 일을 하며 처음으로 병원을 경험했다. 이 자원봉사 프로그램은 단순한 간호 조무 봉사가 아니었다. 여기에서 자원봉사자들은 이따금 기계도 만졌다가, 필요하면 흉부 압박 마사지도 해야 했다. 이런 일들은 내 흥미를 자극했다. 보안 요원으로서 나는 삶 너머에 있는 무언가를 순간순간 눈으로 좇고, 눈앞에서 벌어지는 현상 너머에 있는 삶을 바라보곤 했다.

그때 의학은 내가 고려 중인 직업 목록 윗줄에 있지 않았다. 내가 알고 있던 의사들이란, 부모님과 함께 갔던 사무실 같은 병원에서 일하는 일반 의사들이었다. 무척이나 중요한 직업이지만 내 마음을 사로잡지는 못했다.

나는 의사가 사람들을 돕는 것을 존경했고, 사람을 돕는 일은 내게 높은 우선 순위를 차지했다. 하지만 의사라는 직업은 나를 달아오르게 하진 않았다. 내겐 탐정, 소방관, 긴급 의료원 같은 사람들이 하는 일이 필요했다. 사무실에 앉아서 온종일 처방전을 쓰는 일은 도무지 흥미로워 보이지가 않았다.

하지만 샌프란시스코 종합병원에서 자원봉사를 한 일은 의학 분야에 대한 내 인식을 바꾸어놓았다. 사람들은 그곳에서 자신을 날것 그대로 드러냈다. 비명을 지르고, 피를 쏟고, 숨을 헐떡이고, 만취하고, 살아나고자 발버둥 쳤다.

구급차가 들어오지 않아 조용했던 어느날 밤이었다. 쉴 시간이 약간 생겨서 나는 간호사들이 '병명 코드로 표현한' 환자들이 누워 있는 외상 센터 한구석에 서 있었다. 그때 한 외상외과 레지던트가 이리저리 돌아다니더니 내 옆에 섰다. 사고를 당한 환자 때문에 벌어지는 정신없는 상황에서 막 빠져나온 듯했다. 덕분에 나는 그녀에게 질문을 할 기회가 생겼다.

"왜 심장 충격기를 사용하지 않지요?"

그녀는 느긋하게 기차를 기다리고 있는 사람처럼 팔짱을 끼고 벽에 기대 다리 한쪽을 옆으로 벌린 채, 약간은 무시하는 듯한 말투로 입을 열었다. "TV에서 본 그런 거요? 심장 충격기는 환자들의 심장 리듬을 되돌리는 쇼크를 주는 것뿐이에요. 저 남자의 심장은 뛰고 있어요. 약하긴 하지만요. 그래서 약을 쏟아부었으니, 이제 그 약들이 혈압이 바닥까지 떨어지는 것을 막아주면, 내가 가서 늑골을 절개하고 그의 가슴에 손을 넣어 심장을 쥐어짤 거예요."

'와, 이게 의술인가?' 라고 나는 생각했다. 그 순간 무언가가 나를 잡아끌었다. 무엇에 내 인생을 바쳐야 할지가 섬광처럼 스쳐 지나갔다.

버클리 거리를 거닐고, 보안요원으로 일하는 것으로는 더 이상 충분치 않았다. 나는 병원에서 의학이 얼마나 강력한 힘을 발휘하는지를 드디어 보게 되었다.

뜬금없이 내 반항아적인 시절에 대해 이야기하는 것은, 많은 부모가 자녀들이 대학에 가면 자기 일은 끝난다고 생각하는 것을 지적하고 싶어서다. 우리는 유아기, 아동기의 뇌 성장에만 집중하는 경향이 있다. 그러다 보니 청년들을 완전히 성장한 상태로 여겨 그들의 지력(빠르게 계산하는 능력, 장기 기억을 형성하는 능력 등)이 앞으로 더 발전하지 않을 것으로 믿게 된다는 데 문제가 있다.

하지만 젊은이들은 대학에 들어가도 나처럼 아직 성장할 부분이 많이 남아 있다. 의사결정 능력과 판단 능력은 뒤늦게 발달하기 때문이다. 이는 비단 경험 부족 때문만은 아니다. 신경과학자들이 밝혀낸 바로는, 뇌(특히 전전두피질)가 20대 후반이 될 때까지는 완전히 성숙하지 않는다. 내 전전두피질 역시 한동안 그랬다.

자, 이제 젊은이의 뇌 발달에 관한 이야기를 살펴보자.

🏮 괴짜 신경과학의 세계

뇌는 언제 다 성숙하는가?

우리 뇌의 신경들은 모두 같은 속도로 성장하지는 않는다. 어떤 부위는 다른 부위보다 훨씬 일찍 성숙하며, 전두엽은 최후의 손길이 닿는 부위다. 인지와 판단 기능을 하는 전전두피질은 그중에서도 가장 복잡한 부위로, 가장 많이 매만져지며 만들어진다. 뉴런이 최적으로 작동하게 만드는 마지막 단계는, 신경교세포 주변에서 나온 지방질의 절연체가 뉴런의 축삭돌기를 감싸 기다란 케이블처럼 되는 것이다. 이를 '미엘린화'라고 부른다. 이 과정이 이루어지고 나면 뇌는 완전히 성장한다. 과거 연구들은 사후에 뇌를 검시하여 이루어진 것으로 다소 불확실한 부분이 있긴 하지만, 일반적으로 미엘린화는 10대 후반에서 20대 초반에 일어나는 것으로 알려져 있다. 그런데 MRI를 이용한 최근 연구에서 눈에 띄는 결과가 나왔다. 1,500명의 뇌를 대상으로 미엘린화 과정을 살펴보았더니 20대에도 꾸준히 진행되고 있었던 것이다. 어떤 사람들은 30대 초반까지 진행되고 있었다! 다른 사람들에 비해 더 오래 '자기 자신을 찾는' 사람들, 그러니까 사춘기를 오래 겪는 사람들을 어쩌면 이 현상으로 설명할 수 있을지도 모르겠다.

대이동

인간의 뇌는 어떻게 형성되는가? 난소에서 배아가 발생한 뒤 약 40주 동안 수십억 개의 필수 뉴런들이 한곳에서 형성되고, 그 뒤에 이 뉴런들은 각각 정해진 위치로 대이동한다. 뉴런의 이런 방사상 대이동radial migration은 생명 활동에서 가장 놀라운 일이다.

임신 3주 차부터는 배아 뒤쪽을 따라 줄기세포들로 이루어진 긴 띠가 형성되는데, 이것이 신경판neural plate이다. 신경판은 바깥쪽으로 휘면서 신경고랑neural groove이 되며, 신경고랑은 오믈렛 양끝을 모아 접듯 접혀서 신경관neural tube이 된다. 신경관은 척수액으로 가득 찬 뇌실의 토대가 되며, 이 둑 위에 있는 줄기세포 공장은 태아의 뇌세포를 분당 25만 개 만들어낸다.

이런 발생 초기 뉴런들은 십수 종 이상으로, 일부는 시각을 담당하고 일부는 청각이나 운동감각을, 일부는 신체로부터의 신호를 번역하는 역할을 담당하고 있다. 각기 다른 종의 뉴런들은 사바나 초원의 짐승 무리처럼 서로서로 달라붙어 약 60엠피에이치(MPH, 단위시간 당 미크론으로 100만분의 1미터-옮긴이) 속도로 자신들의 집으로 함께 나아간다. 대부분은 전임자들이 만들어놓은 길을 따라 더 멀리 밀쳐대고 비집고 들어가면서 안쪽에서 바깥쪽으로 뇌를 형성해 나간다.

목적지든 타이밍이든 여기에서 계획되지 않은 일은 없다. 각각의 뉴런들은 예정된 시간에, 놓여야 할 바로 그 자리에 도달해야만 한다. 택배 회사가 택배를 각기 다른 대륙, 국가, 도시, 거리로 보내듯이 뉴런들은 수천 개의 시냅스와 수상돌기들을 이웃으로 보낸다. 태어나면서부터 유아의 뇌 속 뉴런들 사이에는 수십조 개의 시냅스 연결 부위들이 존재한다.

이렇게 안쪽에서 바깥쪽으로 뇌를 만들어나가는 뉴런 대이동은 이야기의 시작일 뿐이다.

스마트폰과 비디오 게임의 해악

정신과 의사 프레드릭 웨덤Fredric Wertham의 『순수의 유혹Seduction of the Innocent』은 1954년 출간되자마자 독자들의 열렬한 지지를 받으며 베스트셀러가 되었다. "아동의 정신을 망치는 건 말할 것도 없이 만화책이다", "배트맨과 로빈은 은밀하게 동성애를 조장한다!", "마스턴 교수의 원더우먼은 여자아이들을 레즈비언으로 만든다" "괴물들은 아이들의 머릿속을 괴물로 가득 채운다"라는 그의 말들은 오늘날에는 헛소리로 치부되지만, 당시에는 사람들을 완전히 혼돈에 빠뜨렸다. 《크립트와 매드Tales from the Crypt and Mad》를 펴내는 EC코믹스의 발행인 윌리엄 그림스William Grimes에 대한 의회 청문회가 열릴 정도였다.

1960년대와 1970년대 무렵, 젊은이들의 정신을 망치는 주범으로는 TV가 꼽혔다. 드라마 〈유쾌한 브래디 가족Brady Bunch〉과 〈사랑의 보트Love Boat〉는 아동의 뇌세포를 좀먹는다고 여겨졌다.

1980년대에 가정용 비디오 게임이 출시되자 다시 의회에서 청문회가 개최되었다. 학부모 집단은 과도하게 폭력적인 게임에 경고 문구를 부착해야 한다는 데 표를 던졌다.

그리고 지금, 그 무엇보다 거대한 위협이 등장했다. 바로 휴대전화다. 아동의 주의력을 훔쳐가는 강도이자, 포르노 공급처이자, 궁극적으로 시간을 낭비하게 만드는 휴대전화 말이다.

그런데 가만히 보면, 어떤 패턴이 보이지 않는가?

물론 휴대전화 사용은 과도해질 수 있다. 종종 감당 못 하는 수준으로 치닫게 되기도 한다. 연구자들은 과도한 휴대전화 사용이 유아들의 분노 조절 문제, 10대 청소년들의 우울증 문제, 청년들의 사회적 고립 문제를 일으킨다고 보기도 한다.

하지만 세 살짜리 자녀가 온종일 디지털 기기만 갖고 노는 걸 막거나 10대 자녀에게 휴대전화를 내려놓으라고 말하는 데 어떤 연구 결과나 전문가 의견까지 필요한가?

내가 하고 싶은 말은 휴대전화도 만화책이나 게임 같은 그저 하나의 도구일 뿐이라는 것이다. 일상에서 실천할 수 있는 일부터 해보는 게 어떨까? 일단 자녀들이 포르노에 접근하는 것을 막아라. 이에 더해 나는 '디지털 다이어트'를 제안하고 싶다. 디지털 다이어트는 사용 시간을 관리하는 것뿐만 아니라 디지털 기기로 무엇을 하느냐에 관한 것이기도 하다. 저녁 식사 시간에 휴대전화를 보지 않아야 하는 건 당연하고, 휴대전화를 아예 다른 방에 두고 오는 것이 좋다. 연구 결과를 보면, 진동 상태라 해도 휴대전화가 손 닿는 곳에 있으면 우리의 주의는 흐트러진다. 텍사스대학교와 UC샌디에이고 연구자들이 펴낸 최근의 논문 제목은 다음과 같다. 「스마트폰을 그저 지니고 있는 것만으로도 가용 인지 능력이 감소한다The Mere Presence of One's Own Smartphone Reduces Available Cognitive Capacity」.[1] 대략 800명의 스마트폰 사용자들을 대상으로 진행된 이 연구에서는, 다른 방에 스마트폰을 두라고 지시받은 사람들이 스마트폰을 바로 옆에 둔 사람들보다 집중력 테스트에서 더 나은 성과를 보였다. 내가 10대인 아들 녀석에게 이 연구에 대해 말하자 "손에서 놓으면 불안해요"라고 말했다. 직접 휴대전화를 손에 쥐고 있거나 화면을 보고 있지 않을 때조차 우리는 사회적 고립에 대한 두려움을 느끼면서 휴대전화로 온통 관심이 쏠린다.

솔직해지자. 휴대전화 없이 사는 건 불가능하다. 내가 권하는 방법은 하루 동안 다른 방에 휴대전화를 두고 이따금 들여다보라는 것이다. 하지만 이런 방법을 사용하지 않고도 아이들이 휴대폰 관리를 잘한다면, 걱정하지 않아도 된다.

엄청난 도태

뇌 발달은 단순히 성장에 관한 것만이 아니다. 탄생에서 죽음까지 이르는 대서사시이다. 임신 기간에 태아의 뇌에서는 최종적으로 필요한 뉴런 수의 두 배가량이 성장한다. 과잉 상태가 된 청소년기 뉴런은 뇌를 성숙시키는 데 필요한 것만 엄선되고, 나머지는 도태를 겪는다. 집단에 남아 있지 않아도 되는 부적응자 뉴런은, 간단히 말해 쇠약해져 죽게 된다는 말이다.

하지만 그네들에 대해 슬퍼하지는 마시라. 생성과 제거라는 두 과정은 학습이 일어나는 데 반드시 필요하다. 시냅스 가지치기란, 자연이 마치 숙련된 정원사처럼 여기의 가지는 쳐내고 저기의 가지는 자라게 해서 뇌라는 나무를 더 튼튼하게 만드는 과정이다. "사용할 것인가, 버릴 것인가?" 이것이 시냅스의 운명이 결정되는 방식이다. 시각 신호를 포착하고, 기억을 저장하고, 기술을 배우고, 호흡을 조절하는

데 할당된 뉴런들은 점점 더 강해진다. 이런 직무가 없는 뉴런들은 시든다.

이렇게 살아남은 뉴런들은 유년 시절을 거쳐 점점 더 커지고, 그 결과 태어난 이후 성인이 될 때까지 전체 뇌 크기는 네 배나 커진다. 그러는 동안 그 주변에 붙어 있는 수상돌기가 전기 화학적 신호를 실행하는 능력을 키우고자 서서히 지방질로 감싸이는 과정이 일어난다.

가지치기 과정은 믿을 수 없을 만큼 정밀하게 관리되며, 그 계획에서 빗나가면 신경 발달 문제가 생겨난다. 예를 들면 자폐증이 있는 아동은 생애 초기에 뇌의 특정 부분에서 시냅스 연결 부위가 지나치게 많으며, 청소년기 후반에 일어나는 일반적인 뉴런 도태 과정이 비장애 아동에 비해 약하게 일어나는 것으로 나타난다. 어쩌면 연구자들이 믿는 대로, 약물을 통해 가지치기 과정이 일어나게 하는 것이 장차 자폐증을 치료하는 데 도움이 될지도 모른다.

이와 반대의 문제로 유발되는 듯한 장애도 있다. 가지치기가 지나치게 일어나는 것이다. 유전자에 시냅스 가지치기가 과도하게 새겨진 경우, 환각과 망상이 주요 특징인 조현병으로 발전할 위험이 크다.

하지만 모두가 유전적인 것은 아니다. 양육, 그러니까 환경도 근본적인 역할을 한다. 그렇다면 어떤 양육 방법이 뇌 발달에 좋을까?

어린 뇌를 보살피는 법

누구도 나를 아동 양육 전문가라고 부르진 않는다. 하지만 나는 신경과학적으로 무엇이 두뇌를 건강하게 하는지, 혹은 질병에 걸리게 하는지는 알고 있다. 그리고 나는 아내와 함께 세 아들을 키웠다.(아직도 키우고 있지만.) 우리 아들들은 열일곱, 열넷, 열세 살이다.

과학자이자 외과 의사이자 아버지로서, 아이들의 뇌 발달을 돕기 위해 필요한 일곱 가지 우선순위를 소개하고자 한다.

1. 안전

샌디에이고의 아동 병원에서 일하면서 나는 무엇이 아이들을 죽게 하는지 알게 되었다. 바로 사고다. 아이들은 수영장에 빠지고, 차에 부딪히고, 불에 데고, 심지어 창문에서 떨어졌다. 무시무시한 일들이 아닐 수 없다. 하지만 이런 일들은 예방할 수 있다.

나와 아내는 아이들이 어렸을 때는 골목으로 나가는 것은 허락했지만, 길 건너에 살고 있는 친구네 집에 가는 것은 허락하지 않았다. 일곱 살짜리는 길을 건널 때 양쪽을 살피라고 아무리 말해도 곧잘 잊어버린다. SUV에 치이면 무슨 일이 일어나는지 나는 아이들에게 겁을 잔뜩 주었다.

정원으로 나가는 창문에 안전 자물쇠를 걸어 두는 것도 잊지 않았다. 아이들은 고작 몇 센티미터 틈만 있어도 문을 열고 나갈 수 있기 때문이다. 남부 캘리포니아 지역에서는 수영장 딸린 집이 일반적이어서, 세 아들 모두가 열 살이 되어 수영을 충분히 할 수 있게 되기 전까지는 뒤뜰에서 수영하는 걸 금지했다.

2. 모험

우리 동네의 부모들은 우리가 아이들을 길도 건너가지 못하게 과잉보호하고, 아이들을 물기 하나 없는 뒤뜰에서만 놀게 하는 건 바보같다고 생각했다. 하지만 우리는 아이들이 탐험하는 건 허락했다. 코요테를 막기 위해 집 주변에 1.8미터 높이의 담장을 쳐두었는데, 그 반대편에는 아이들이 좋아하는 온갖 종류의 생물이 돌아다녔다. 우리는 야생동물들, 심지어 뱀도 기어다니는 곳에서 노는 걸 허락해주었다. 아이들은 돌을 던지고, 전쟁놀이도 하고, 도마뱀을 찾으러 다니고, 마음대로 뛰놀았다. 그 대신에 내가 테라스에서 아이들을 지켜보았다.

아들 중 하나가 다섯 살이었을 때 있었던 일이다. 아이가 울타리 꼭대기에서 땅으로 뛰어내리다가 잘못 착지해 울기 시작했고, 나는 황급히 달려가서 아이의 다리를 살펴봤다. 금이 갔거나 부러진 것 같았다. 아동 병원으로 가서 엑스레이 검사를 했더니 정말로 다리가 부러져 있었다. 아이는 조그마한 깁스를 했다. 대단한 일은 아니었다.

또 한번은 다른 아들이 자전거를 타면서, 닫히고 있는 차고 문 아래를 통과하려다가 타이밍을 놓쳤다. 이때 생긴 근사한 상처가 아직도 아이의 이마에 남아 있다.

　유럽과 미국 등지에서는 소위 '모험'형 놀이터가 인기를 끌고 있는데, 표면에 두터운 패드를 붙인 그네나 정글짐이 아니라, 낡은 타이어와 나무로 된 출렁다리, 도로 표지용 고깔, 심지어 망치와 톱 같은 것을 둔 놀이터이다. 그리고 이 모든 것들은 먼지투성이다. 미국에서 모험형 놀이터가 처음 문을 연 것은 1979년에 캘리포니아 버클리 마리나였다. 이 놀이터의 최신판은 '더 야드The Yard'라고 불리는 곳으로, 2016년 뉴욕 시의 거버너 아일랜드Governor's Island에 처음 문을 연 뒤로 큰 호평을 받고 있다.

　나는 안전이 매우 중요하다고 생각하지만, 아이들의 삶에는 정신을 자극하고 개성을 갈고닦으며, 창의성을 북돋을 만한 모험도 필요하다는 사실을 잊지 않는다. 이제 헬리콥터 부모의 시대는 지났다. 나는 내 아이들이 부딪치고 깨지면서 약간의 위험 정도는 감수하는 법을 배우도록 놔둔다.

3. 고요함

심각한 정신 장애 중 하나인 조현병은 대체로 유전적 요인에 기인한다. 하지만 여기에는 환경, 즉 양육의 역할도 어느 정도는 있다. 단순히 한 가지 사실만 봐도 그렇다는 것을 알 수 있다. 조현병이 도시로 이주한 사람들에게 더욱 자주 발병한다는 사실 말이다. 실제로 시골에서 나고 자란 아이들보다 도시 아이들에게서 조현병이 발발할 위험이 두 배나 더 높다. 도시 생활이 조현병의 발생 위험을 증가시키는지는 정확히 입증되지 않았지만, 도시 생활의 높은 스트레스가 그 이유 중 하나인 것은 추측할 수 있다.

이와 비슷하게, 감정적이든 신체적이든 심각한 트라우마를 겪은 아동은 다른 아이들에 비해 조현병이 발생할 위험이 세 배나 높았다.

트라우마와 스트레스를 줄이려면 어떻게 해야 할까? 평화와 고요한 환경을 만들어야 한다. 이 때문에 당신이 처한 상황이 어떠하든지 조용하고 평화로운 집안 환경을 유지하는 것이 자녀들의 건강한 삶에 중요하다. 물론 말하기가 쉽지 실행하기 어렵다는 사실은 나도 안다.

4. 수면

제6장에서 언급했듯이 충분한 수면은 뇌의 성장에 가장 기본적인 요소이다. 자녀가 초등학생일 때만큼이나 고교생이 되어도 마찬가지로 잠이 중요하다는 사실을 부모들 대부분은 간과한다. 최근 한 연구에서는 충분히 잠을 자지 못한 청소년들이 체중도 더 나가고, 고혈압과 고지혈증을 더 앓고 있음이 나타났다.[2] 일상적으로 하루에 7시간 미만으로 자는 학생들은 지능지수에 비해 학교 성적이 낮았다.

부모의 침대에서 아기를 재우는 일, 즉 부모가 아기와 함께 자는 것에 관해서는 아직 많은 논쟁이 있다. 미 소아과학회American Academy of Pediatrics는 유아의 경우 부모와 같은 방에서 잠을 자는 것을 권장하는데,[3] 그것이 영아돌연사증후군SIDS, sudden infant death syndrome 위험을 50퍼센트 이상까지 낮출 수 있다는 연구 결과들이 있기 때문이다. 그러나 1세 이하의 영아는 부모와 함께 침대를 쓰는 것에 반대하며, 아기와 함께 소파나 안락의자, 기타 푹신한 자리에서 잠이 들지 말라고 말하는 연구들도 있다. 아기를 데리고 자는 것이 영아돌연사증후군 위험을 증가시킨다는 것이다.

하지만 어떤 연구들은 그런 위험은 부모가 약물이나 술을 마셨을 때 일어난다는 점을 지적한다.

부모가 아이를 데리고 자야 모유 수유를 할 수 있고, 아이와의 유대감도 길러주고, 부모들 역시 더 푹 잘 수 있다고 믿는 부모가 더 많을 것이다. 나 역시 그랬다. 아이들이 태어나고 첫 몇 년 동안 우리 부부와 함께 침대에서 재웠다. 우리는 그게 옳다고 느꼈다. 아이들과 신체적, 감정적으로 연결되고 싶었다. 우리가 의학적 조언을 거스르는 행동을 한 걸까? 그렇다고도 할 수 있다. 그러니 여러분에게 나처럼 하라고 권하는 것은 아니다.

미 소아과학회는 의사들에게 부모들과 대화를 할 때 단정적인 태도를 보이지 말고 열린 자세로 대화하라고 촉구한다. 부모들이 각자 자신들에게 최선인 것을 결정할 수 있도록 말이다. 여러분도 최선을 선택하기를 바란다.

5. 적절한 자극

동유럽 보육원에서 관심과 애정을 받지 못하며 자라는 아이들에 관한 이야기를 들어본 적이 있는가? 자극 결핍으로 인해 뇌에 영구한 손상을 입었다는 아이들에 관해 말이다. 심지어 이 아이들의 뇌 표면에는 주름이 훨씬 적었다. 간단히 말해, 실제로 영유아와 아동에게는 정상적으로 성장하기 위한 자극이 필요하다. 흥미로운 사람, 장소, 활동에 적게 접촉할수록 뇌의 기능은 떨어진다.

내 아이들은 할아버지 할머니, 삼촌들, 숙모들과 많은 시간을 보내며 자랐다. 이 경험은 우리 아이들의 뇌에 풍부한 자양분이 되어주었다. 우리 아이들은 무척이나 옛날식으로, 그러니까 한 마을 전체의 보살핌을 받으며 끝없이 스페인어와 영어로 떠들고, 어른들에게 많이 안기고, 이웃집을 돌아다니면서 컸다.

아이들이 유치원에 들어갈 무렵, 아내와 나는 아이들이 정서적 보살핌을 받는 것이 가장 중요하다고 생각했다. 공부는 나중 문제였다. 그래서 우리는 아이들을 유태인식 유치원에 보냈다. 아내와 나는 유태인이 아니었지만, 우리가 방문할 때마다 그곳 선생님들이 아이들을 안아주거나 무릎에 앉혀놓는 모습을 보았기 때문이다.

아이들에게는 감정적, 지적 자양분만 필요한 것이 아니다. 우리는 아이들에게 다양한 스포츠와 신체 활동에 참여하도록 독려했다. 많은 10대들이 운동을 전혀 하지 않거나 전문 선수처럼 한 가지 스포츠에 지나치게 몰두하곤 하는데, 그런 활동은 썩 바람직하지 않다. 한 가지 스포츠에만 끈질기게 매달리면 새로운 경험을 하지 못할 수도 있고, 그 스포츠를 즐기지 않는 다른 아이들과 어울릴 기회도 잃을 수 있다.

우리 아이들은 학창 시절 야구팀에 속해 있었고, 때로는 가을 리그에서 뛰기도 했다. 하지만 나머지 기간에는 나와 아내와 함께 뒤뜰에서 스틱볼stickball(고무공을 막대기로 치는 야구와 비슷한 길거리 스포츠-옮긴이)을 하며 놀거나 테니스공을 던지며 놀았다.(이때 주로 사용하지 않는 손을 사용해 연합 능력을 향상하는 일도 했다.)

여름이 돌아올 무렵, 우리 부부는 아이들을 여름 캠프에 보내지 않기로 결정했다.

"아이들이 다른 아이들을 만나 다양한 야외 활동을 하는 캠프가 아이들의 경험을 풍요롭게 해주지 않을까요?"라고 여러분은 묻고 싶을 것이다.

분명 그렇다. 만일 여러분이 아이들을 캠프에 보내고 싶다면, 그렇게 하라. 하지만 아이들이 한 해의 대부분을 짜여진 일정대로 움직이고 있다면, 이따금 지루함도 그 자체로 아이들을 풍요롭게 해줄 수 있다고 생각한다. 일반적인 관점은 아니지만, 나는 여름방학을 아이들이 지루하게 보내면서 자기 나름대로 취미를 만들어나갈 기회로 여겼다.

뇌를 발달시키는 자극에도 중도中道가 있다. 아이들은 때로 그냥 흘러가는 대로 지낼 필요도 있다. 그것도 성장의 일부이니 말이다.

6. 영양 섭취

많은 부모의 믿음과는 달리 아이들 대부분은 비타민을 섭취할 필요가 없다. 영양제 산업은 연간 300억 달러에 달하지만, 건강한 아동이나 성인에게 비타민 섭취가 이득이 된다는 증거는 없다. 물론 예외는 있다. 임산부는 신경관 결손을 방지하기 위해 철분과 칼슘, 엽산을, 모유를 먹는 영아들은 젖을 뗄 때까지 비타민 D를, 모든 영유아는 생후 4개월에서 6개월 사이에는 철분을 섭취해야 한다. 그런 경우가 아니라면 2008년《미 의사협회저널》에 게재된 하버드대학교 연구자들의 선행 연구 검토 결과에 따르면, "균형 잡힌 식단을 섭취하는 건강한 아동은 종합 비타민 혹은 종합 미네랄제를 섭취할 필요가 없다. 또한 여기에 함유된, 권장섭취량을 초과하는 영양소를 복용하지 않도록 해야 한다. 오메가3 지방산이 자폐증이나 ADHD 위험을 낮출 가능성이 있다고 알려졌지만, 이와 관련해 무작위 표본에 따른 대규모 임상시험으로 밝혀진 증거는 없다."

섭취하지 말아야 할 다른 것으로는 탄산음료가 있다. 당분이 함유되어 있지 않은 것도 포함해서 말이다. UC샌디에이고의 연구에 따르면, 다이어트 탄산음료는 뇌가 단 것을 선호하게끔 바꾸고 비만도를 증가시킨다.

과일주스 또한 탄산음료에 버금갈 만큼 해롭다. 340그램의 오렌지주스 한 잔에는 콜라 한 캔에 육박하는 설탕이 함유되어 있다. 최근 선도적인 소아과 의사 3명이《뉴욕 타임스》에 기고한 바에 따르면, "미취학 아동(2세에서 5세) 절반 이상이 정기적으로 주스를 마시는데, 탄산음료와 달리 이 비율은 최근 수십 년 동안 변화하지 않았다. 아동들은 당분을 일 평균 283그램을 소비하는데, 이는 미 소아과학회가 권장하는 양의 두 배가 넘는다. 지난 10년 동안, 우리는 탄산음료 같은 당 첨가 음료의 위해성을 인식시키는 데는 성공했다. 그리고 주스가 이와 다르다고 말할 수는 없다."[4]

7. 지속성

이 장을 시작하면서 나는 평범하지 않았던 내 대학 생활 이야기를 했다. 다른 젊은이들과 달리 내 뇌는 그때까지 덜 여물었던 것 같다. 뇌 깊숙한 곳에 들어앉은 대뇌 변연계의 감정과 욕구는 인내하고 계획하는 전두엽의 손길에 완벽히 길들여지지 않았던 것이다.

이 경험 때문에 나는 부모로서 아이들의 10대 시절을 비롯해 그 이후로도 서로 가까운 관계를 유지하려고 노력한다. 여러분도 그러기를 바란다. 물론 아이들에게는 독립성이 필요하지만, 현대의 신경과학적 발견들을 보면 아이들은 고등학교를 졸업한 뒤에도 관심을 많이 가져줄 필요가 있다. 뇌 성장은 우리가 이전에 생각했던 시기보다 훨씬 나중에 마무리되기 때문이다. 아이들 옆에서 종종 어슬렁거려 보라. 자녀들과 가까운 거리를 유지하는 좋은 방법이다.

나는 아이들과 저녁 시간 1시간을 함께 보내며 수영을 하거나, 팔 굽혀 펴기 등 근력 운동을 조금 하기도 하고, 함께 비디오 게임을 하기도 한다. 아이들에게 신문 기사를 읽어달라고도 하고, 집에 굴러다니는 《와이어드Wired》나 《롤링스톤Rolling Stone》 같은 잡지에 나온 이야기 하나를 내가 큰 소리로 읽어 주기도 한다. 아이들이 하루 중 15시간은 자기가 하고 싶은 일을 하고, 내게는 딱 60분만 줄 수 있으면 된다고 생각한다.

내 아이들이 대학에 들어가 집을 떠난 뒤로, 나는 대학 입학생 중 절반만이 졸업한다는 사실을 마음에 새겼다. 그래서 아이들에게 꾸준히 문자 메시지를 보내고, 전화를 걸고, 아이들 집에 찾아가기도 한다. 아이들의 뇌는 여전히 발달 중이기에 그들에게는 여전히 내가 필요하다. 여러분이 불행히도 자기만의 북소리에 맞춰 행진하는 반항적인 아이들을 키우고 있다면, 하나만 기억하라. 여러분은 이제 막 싹트기 시작한 뇌를 다루는 신경외과 의사라는 사실을!

15.
나이 든 뇌

"번스타인 박사님, 몇 주 전에 낙상하셨죠?"

"날 박사님이라고 부르지 말게. 그냥 윌리엄이라고 불러주게나. 지금은 의사도 아니고. CT 검사는 어떤가?"

그는 91세였다. 91세까지 사는 사람은 여섯 명 중 한 명도 되지 않는다. 설령 90대를 넘긴다 해도, 3분의 1은 이미 치매를 앓고 있는 상태다. 하지만 윌리엄은 치매도 앓지 않고 90대를 넘긴 희귀한 노령 시계를 지닌 사람이었다. 은퇴한 지 10년도 넘었지만 대화를 잘했고 기능적인 부분에서도 문제가 없었을 뿐만 아니라, 유머 감각이 뛰어나고 호기심 만만하며 예리했다. 그가 너무 날카로워서 나는 인지 능력과 신체 기능을 파악하는 간단한 일반 검사를 건너뛰었다. 그는 머리 가운데는 벗어졌지만 남아 있는 무성한 머리털을 귀 뒤로 넘긴 채 하얀 염소 수염을 기르고 있었다.

"음, 선생님." 내가 그에게 말했다. "CT상으로는 경막하혈종 subdural hematoma이 보입니다. 상당히 크고 위험한 종양이에요."

"또 존칭을 쓰는구먼. 날 선생님이라고 부르지 말게. 선생은 내 의사이지 않은가? 나를 다르게 대접해 줄 필요는 없네."

"연세가 제 두 배나 되시잖아요. 그래서 존칭을 쓰는 것뿐이에요."

"사실 세 배에 가깝지."

진료 기록부를 보면, 윌리엄은 아침에 왼팔을 움직이기가 힘들어서 오전 8시 무렵 병원으로 왔다. CT상으로 우반구 쪽, 그의 뇌와 뇌를 감싸는 껍질인 경막 사이에 다량의 출혈이 보였다. 경막하혈종이었다.

"얼마나 된 건가?" 그가 물었다.

"그다지 오래된 건 아니에요." 내가 말했다.

CT상에서 피는 어두운 그림자처럼 보였다. 오래된 피, 대략 몇 주 전에 일어난 일이라는 의미였다. 신선한 피는 CT상에 밝고 하얗게 보인다.

"얼마나 큰가?"

"상당히 커요. 두께가 5센티미터, 폭이 17센티미터예요. 우반구 전체를 감싸고 있어요."

"망할 아스피린." 그가 말했다. "그거 때문에 출혈이 일어난 거 아닌가?"

아스피린은 출혈을 일으키지 않는다. 하지만 찢어진 동맥을 붙이려는 신체의 자구적인 노력을 방해하기는 한다. 어린이용 아스피린은 하루 한 알만으로도, 혈액을 묽게 함으로써 혈전에 의한 심장 마비 및 뇌졸중을 낮춘다. 하지만 이런 혈전 용해 기능은 복부와 뇌의 출혈을 증가시키기도 한다. 그래도 전반적으로 어린이용 아스피린은 많은 생명을 구한다고 말할 수 있는데, 이는 혈전에 의한 심장 마비와 뇌졸중의 위험이 출혈 위험보다 훨씬 크기 때문이다. 당장 윌리엄에게는 큰 위안은 되지 않는 사실이긴 하지만 말이다.

"아스피린이 혈전을 용해한 효과를 되돌리기 위해 비타민 K를 드릴 겁니다. 제가 밤새워 지켜볼 거고요. 내일 아침에 CT 촬영을 한 번 더 해서 어떻게 되었는지 보죠."

다음 날 아침 병실로 가자 그가 내게 말했다. "커지고 있어."

"자, 이제 오늘의 모습을 보러 갈까요?" 내가 대답했다.

"어떻게 나올지 내가 안다니까. 왼팔 상태가 더 나빠졌거든."

그의 말이 맞았다. CT 사진을 보자 혈전이 더 커져 있었다.

"비타민 K가 별 효과가 없었네요. 하지만 연세가 많은 덕분에 뇌 부피가 상당히 줄어든 상태였으니 목숨에 지장은 없으시겠군요."

"오래 살고 볼 일이구먼." 그가 미소지었다.

그는 내 말이 농담이 아님을 알았다. 평균적으로 인간의 뇌 부피는 40대 이후로 10년마다 5퍼센트가량 줄어드는데, 그 주위를 둘러싼 경막의 크기는 그대로 유지된다(물론 두개골도). 윌리엄의 뇌는—혈전 때문에 부었음에도—경막에서 5센티미터 아래에 있었다. 청년들의 뇌 크기와 비슷한 수준이었다. 이 5센티미터의 공간은 어제 오전 그가 왼팔을 움직이기 어려웠던 그 순간까지, 혈액이 모일 공간을 제공하여 뇌에 해로운 압력을 가하지 않았을 것이다.

"그래서 언제 수술할 건가?" 그가 물었다.

"선생님 연세에 수술을 하기에는 무리일 것 같은데요. 약으로 혈압

252

을 낮추고…."

"말도 안 되는 소리." 그가 말했다. "우리가 지금 무릎 관절염 얘기를 하고 있는 게 아니지 않나. 팔에 힘이 없는 건 별문제도 아닐세. 오른팔만으로도 그럭저럭 생활할 수 있어. 하지만 내가 걱정하는 건 내 정신이야. 그 혈종이 한쪽 팔을 빼앗아가고, 그다음으로 내 기억도 빼앗아갈 거야. 그러니까 내가 선택할 수 있는 수술이 뭔지 알려주게나, 선생."

다음 날 아침, 그의 육신이 수술용 천 아래 놓였다. 두개골을 열자, 그 안에 든 명민한 정신이 거짓말같이 느껴질 정도로 두피는 눈꺼풀만큼, 종잇장만큼 얇았다. 나는 그것을 더욱 조심스럽게 절개했다. 그 아래로 드러난 두피의 피하지방층은 더 이상 형광빛이 도는 노란색이 아니라 저물어가는 노을빛이었다. 두개골도 밝은 상아색이 아니라 오래된 마닐라지紙 서류 봉투같이 빛바랜 베이지색이었다. 세월은 두개골 안쪽 연골을 딱딱하게 만들었기에 우리는 더욱 세게, 그리고 더 오래 드릴로 구멍을 뚫어야 했다. 경막은 이미 석회화가 이루어지기 시작해 두개골 안쪽에 달라붙고 있었다. 더 이상 부드럽고 미끌거리는 그것이 아니었다.

두개골에 구멍 두 개를 뚫고, 이제 마지막으로 경막을 열 차례였다. 나는 오른손에 날 끝이 뾰족한 길고 가느다란 메스를 쥐고, 메스 꼭지로 '보비Bovie'라고 부르는 의료용 소작기를 건드렸다. 그러자 전류가 메스 손잡이 부분과 날 끝으로 흘러 들어왔고, 나는 단번에 경막을 가르고 지졌다. 라텍스 장갑이 나를 전류로부터 보호해 주었고, 혈전이 그의 뇌를 전류로부터 안전하게 지켜 주었다. 엔진오일 같은 오래된 피가 내 이마 쪽으로 뿜어져 나왔다. 뇌가 심하게 압박받고 있었던 것이다. 혈전을 제거하고 수술용 확대경으로 경막 안에 생긴 틈을 들여다보았다. 뇌와 경막 사이의 틈은 비어 있지 않았다. 마치 꼭두각시를 비끄러맨 줄들처럼 혈관들이 뇌에서 두개골 밑면으로 뻗어나가 있었다. 혈관 하나에서 눈물이 터져 나오듯 신선한 피가 튀었다. 나는 황급히 그곳을 소작했다.

다음 단계는 남아 있는 오래된 피를 모두 제거하는 것이었다. 고도로 전문화된 최신 기술인 소위 '칠면조에 양념장 끼얹기a turkey baster'라는 방법을 사용할 차례였다. 그 자리에 정제수를 들이붓고, 두개골에 난 구멍 한 곳에 뿌렸다. 그러자 시커먼 엔진오일이 다른 구멍으로 뿜어져 나왔다. 반대편 구멍에도 한 번 더 똑같이 했다. 피가 어두운 갈색에서 붉은색으로, 분홍빛으로, 마지막으로 맑아질 때까지 계속 세척했다.

그러고 난 뒤, 이마에 걸린 헤드램프 빛을 내가 뚫어놓은 구멍 하나에 맞췄다. 여러 뇌엽들로 이루어진 뇌반구를 볼 수 있는 창이었다. 안을 들여다보자 무너져 가는 뇌 표면이 보였다. 마치 회전하는 지구 표면의 곡면 같은 모습이었다. 뇌이랑들도 젊은 시절처럼 오팔opal색이 아니었다. 세월은 신경아교증gliosis이라고 불리는 노화의 찌꺼기들을 켜켜이 쌓아놓았다. 뇌는 이제 누리끼리해지고, 그 사이사이로 출혈 부위에서 나온 어두운 점들이 점점이 박혀 있었다. 뇌를 싸고 있는 투명한 거미막arachnoid은 백내장에 걸린 것처럼 탁했다. 그의 뇌 표면은 사막 행성과도 같았다.

하지만 보이는 게 다는 아니었다. 그날 오후 늦게 윌리엄이 깨어나서 나는 신경외과 집중치료실로 그를 보러 갔다.

"어떻게 됐나?" 그가 물었다.

"할 건 다 했습니다." 내가 말했다.

"나도 아네." 그가 말했다. 그러고는 왼팔을 들어 운동성이 회복되었음을 보여주었다.

그의 뇌는 젊은 날의 빛을 잃었지만, 그의 정신은 여전히 레이저처럼 날카로웠다. 그의 모습은 우리에게 알려준다. 뇌가 위축된다고 해서 정신까지 위축되는 것은 아님을.

🎈 괴짜 신경과학의 세계

뇌에 영양제를 꽂아 넣어라

우리 신체 내부에서 순환하는 액체는 혈액만이 아니다. 척수액도 있다. 우리 뇌는 척수액에 담겨 있다. 척수액은 일명 '영양제'라고도 불리는데, 여기에 우리 뉴런을 비옥하게 해주는 성장 물질들이 가득하기 때문이다. 실제로 실험실 배양 접시 안에 담겨 성장한 뉴런들은 뉴로트로핀neurotrophine이라고도 불리는 성장 물질로 가득 찬 수용성 환경이 아니면 시들어 죽는다. 뇌 속에서 이런 성장 물질들은 노화에 따라 점점 줄어든다. 그 결과 뉴런들은 점점 활동을 하지 않게 되고 심지어 죽음을 맞이하기도 한다. 하지만 우리 뇌척수액에서 손실된 영양을 만회할 방법이 있기는 하다. 젊은이 수준으로 영양을 다시 채울 방법은 바로 운동이다. 특히 에어로빅과 저항력 운동(근력 운동) 두 가지를 결합한 운동 요법은 뇌 영양제가 최상의 상태를 유지하게 해주는 가장 좋은 방법이다.

전형적인 뇌 노화

뇌 수축은 나이 든 뇌에서 일어나는 수많은 과정 중 하나일 뿐이다. 그리고 앞으로 살펴보겠지만 그중 몇 가지는 우리에게 이점이 되기도 한다. 노화로 인해 뇌에 일어나는 가장 분명한 변화는 특정한 종류의 기억에서 일어난다. 먼저 기억은 크게 네 종류로 나뉜다.

의미 기억

의미 기억은 세상에 관한 일반적인 지식, 즉 아이작 뉴턴Isaac Newton이 누구인지, 베이글의 맛이 어떠한지, 사무실이 어디 있는지 등에 대한 기억을 말한다. 기본적인 사실에 관한 기억으로 컴퓨터와 로봇은 이해할 수 없는 의미에 관한 기억인 것이다. 이런 막대한 양의 기억은 다행스럽게도 뇌에 노화가 일어나도 안정되게 유지될 뿐만 아니라 학습함에 따라 계속 성장할 수도 있다.

절차 기억

절차 기억은 사물과 사건이 '어떻게' 이루어지는지에 관한 것이다.

아침에 옷을 어떻게 입는가? 자전거를 어떻게 타는가? 절차 기억은 이렇게 한 번 습득되고 나면 바위처럼 견고하게 남아 있곤 한다. 나이가 들면서 자연스럽게 반사 작용이 느려짐에 따라 행동은 둔해지지만, 76세의 노인 모건 셰퍼드Morgan Shepherd(미국의 카레이서-옮긴이)가 팔팔한 F1 선수와도 경쟁할 수 있는 것은 이 절차 기억 덕분이다.

일화 기억

일화 기억은 사건에 대한 회상 능력이다. 유치원에 갈 때 어디로 갔었나? 배우자를 언제 처음 만났나? 어제 아침으로 무엇을 먹었나? 집 열쇠를 어디에 두었나? 이런 기억 능력은 나이가 들어감에 따라 자연스럽게 약해진다. 실제로 일화 기억은 20대 중반에 절정에 도달했다가 점차적으로 쇠퇴한다. 이 때문에 10대 시절에 들었던 노래 가사는 기억하지만, 성인이 된 후 작년에 보았던 영화 줄거리는 간신히 기억해 내는 것이다. 다행스럽게도 휴대전화가 일화 기억을 상당 부분 정리하고 찾아볼 수 있게 해주고 있다.

작동(작업) 기억

작동 기억은 뇌의 작업 공간으로, 머릿속에서 정보와 이미지 들을 붙잡아 두고 작업하는 곳이다. 머릿속으로 36 곱하기 42를 암산하는 일이 어려운 이유는 우리의 작동 기억에 한계가 있기 때문이다. 그리고 이 한계는 나이가 들수록 더욱 커진다. 수학자, 음악가, 물리학자 들이 젊은 시절에 가장 위대한 업적을 쌓는 건 바로 이 때문이다. 예전에는 간단하게 해내던 일들을 나이가 들면서 점점 하기 어려워지는 이유이기도 하다. 작동 기억은 멀티태스킹multitasking을 가능하게 해서 다양한 역할을 왔다 갔다 수행하게 한다. 건강한 사람이라면 최적화시키고 싶어 하는 종류의 기억이라고 할 수 있다. 작동 기억은 창의성과 생산성의 핵심이기 때문에, 두뇌 훈련 프로그램들은 작동 기억을 최상의 상태로 유지시키게 하는 데 중점을 둔다.

기억력 감퇴와 같은 뇌 기능 저하로 인한 신체적 변화로는 최소한 네 가지 정도를 들 수 있다.

감각 기능 손실

감각 기능은 특히 시각과 청각에서 떨어진다. 연구를 보면, 나이가 듦에 따라 잘 듣지 못하게 되는 건 인지 능력 감소와 직접적인 연관이 있다. 그중 일부는 고차원 인지 가능에 할당되어 있다고 여겨지는 뇌 영역이 작은 소리를 해석하는 데 어려움을 겪게 되기 때문이라고 한다.

반구 비대칭도 감소

나이가 들면 반구 비대칭도가 감소한다. 젊은 사람들에게서처럼 좌측과 우측 전전두피질 사이의 전기 활동이 정상적인 변주를 보이는 게 아니라, 기억하거나 시각적 인지를 할 때 뇌 양쪽이 비슷하게 활성화되는 것이다.(인지 능력에 있어서 뇌의 기능은 두 반구가 똑같지 않다. 특정한 일에 관해서는 특정 반구가 더 우세하게 작용하는데, 이를 좌우 반구의 비대칭성이라고 한다-옮긴이) 이전에는 뇌 한쪽에서 쉽게 처리할 수 있었던 일들을 이제는 다른 쪽의 도움을 받아야 한다는 의미이다.

신경전달물질 감소

성년에 접어들면서 신체의 움직임과 보상 추구 행위(그 밖의 행위들도 포함)에 영향을 미치는 도파민 수치는 10년마다 10퍼센트가량 감소한다. 도파민 수치가 낮아지기 시작하면, 근육이 굳고 느려지며 경련하는 파킨슨 질병으로 발전하게 되는 결과를 맞이할 수도 있고, 젊은 시절의 야망이 서서히 희미해지기도 한다. 세로토닌 및 다른 신경전달물질 수치들 역시 나이가 들어감에 따라 점점 줄어든다.

호르몬 수치

나이가 듦에 따라 남성 호르몬과 여성 호르몬 모두 수치가 떨어진다. 인생 초기에는 성장 호르몬, 에스트로젠, 남성 스테로이드가 뇌 구조와 기능에 근본적인 역할을 하는데, 생애 주기에 따라 이런 호르몬들이 점차 감소하는 변화가 일어날 수 있다.

노년에 일어나는 뇌의 변화가 모두 나쁜 것은 아니다. 연구자들은 노인이 10대나 청년보다 몸과 마음의 건강을 훨씬 더 잘 느끼고, 감정적으로도 안정되어 있다는 점을 발견했다. 샘 앤드 로즈 스타인 노화 연구소Sam and Rose Stein Institute for Research on Aging 소장 딜립 제스트 Dillip Jeste 박사는 유명 정신 의학 잡지 및 신경학 잡지 들에 발표한 논문들에서 이렇게 이야기한다. "이전에는 간과되었던 주제들이 적절한 연구 주제로 등장하고 있다. '의식consiousness'과 마찬가지로 논의 되는 '지혜wisdom'가 그 예이다. 지혜는 필연적으로 가장 최후의 연구 주제가 될 수밖에 없는데, 아직 과학자들은 이 주제를 다루는 걸 무척이나 두려워한다."[1] 제스트는 자신이 연구하는 주제에 관해 '지혜의 신경생물학'이라고 부른다. 그의 연구 중 무척 흥미로운 결과 하나는, 사람은 나이가 들면서 "인지 능력이 감퇴하고 신체적 건강도 나빠지지만 삶의 만족도와 행복감은 커진다"라는 것이다. "이는 삶에서 정말로 중요한 게 무엇인지에 대한 지혜가 생겨난 덕분"으로도 볼 수 있다.

🧠 뇌, 딱 걸렸어

SNS는 사회 활동이 아니다?

슈퍼 에이저super-ager(좋은 두뇌 기능을 가진 80대 이상의 노인을 지칭하는 신조어 - 옮긴이)들은 인지 능력이 감소하기 시작한 이들에 비해 SNS를 훨씬 많이 하는 경향이 있다는 흥미로운 연구 결과가 있다. SNS 활동을 하는 노인들은 엄청나게 빠르게 증가하고 있지만, 뇌의 노화와 관련해 SNS와 온라인상의 소통을 '사회 활동'으로 간주할 수 있는지는 이제 막 연구가 시작되었을 따름이다. 최근 한 연구는 SNS와 테크놀로

지의 세계에 뛰어들기 시작한 노인들이 만성 질환이나 우울증 증상이 훨씬 적다는 것을 밝혀냈다.《왕립학회보Proceedings of the Royal Society》에 실린 연구 하나는, SNS를 하는 사람들일수록 언어와 기억에 관여하는 측두엽에서 뉴런의 밀도가 훨씬 높다고 말한다.[2]

물론 노인들도 SNS상에서 지나치게 많은 시간을 보내면 오히려 우울감이 커지거나 불안 장애가 유발될 수도 있다. 모든 일에는 정도가 있는 법이다. 하지만 고립되고 사회적 소통을 하지 못하는 쪽이 더 위험하므로 노인들이 온라인상에 접속하는 걸 권장해야 한다고 나는 믿는다.

심장과 정신

치매 발생률이 1970년대 이후에 급격히 떨어진 주요 이유 중 하나로 심장 질환 치료법의 발전을 들 수 있다. 심장에 좋은 것은 실제로 뇌에도 무척 좋다. 심장 동맥에 막힌 곳이 없으면 뇌 동맥 역시 막힘 없이 유지된다. 콜레스테롤을 낮추는 약은 관상동맥coronary artery(심장 근육에 산소와 영양분을 공급하는 동맥 혈관-옮긴이) 질환을 줄여 주며, 활동량이 적고 심장 건강에 나쁜 음식을 먹는 사람들에게도 효과가 있다. 최근 연구에 따르면 콜레스테롤을 낮추기 위해 처방되는 약인 스타틴스Statins는 대부분의 상황에서 알츠하이머병 위험을 낮춰주기까지 했다. 40만 명의 노인 의료보험 수혜자들을 대상으로 한 대규모 연구에서 최근 스타틴스를 복용한 남성은 평균적으로 알츠하이머병 위험이

12퍼센트 감소했고, 여성은 15퍼센트 감소했다는 것이 밝혀졌다.[3]

이미 알려진 지 오래된 사실이지만 고혈압은 인지 장애를 일으키기 쉽고 알츠하이머병 위험을 높인다. 수축기 혈압이 10mmHg 증가할 때마다 뇌 건강이 나빠질 위험은 9퍼센트가량 오른다는 연구도 있다. 중년의 고혈압은 노년의 알츠하이머병 발병 위험과 무척이나 큰 관련이 있다.

혈전이 생기지 않게 하는 혈액 응고 억제제 역시 뇌에 이득이 된다. 하지만 이런 약들에는 몇 가지 위험이 있다. 윌리엄이 어린이용 아스피린을 매일 복용한 결과 뇌에서 출혈이 일어나 결국 수술을 받게 된 일을 떠올려 보라. 일반적으로 소아용 아스피린은 심장 질환 진단을 받은 사람들에게만 권장된다. 심지어 뇌졸중이나 심근경색을 겪은 75세 이상의 노인의 경우, 치명적인 복강 내 출혈이 일어날 가능성이 높다는 연구 결과도 있다. 따라서 아스피린이 슈퍼마켓 매대에서도 쉽게 살 수 있는 것이라 해도, 그것이 '약'임을 잊지 말도록 하라. 아스피린은 의사의 처방에 따라 먹어야 한다.

심장 질환 위험을 심각하게 높이는 또 다른 의학적 조건은 바로 당뇨diabetes인데, 최근 연구에 따르면 당뇨는 노화하는 뇌를 아수라장으로 만든다. 특히 제대로 치료받지 못해서 계속 혈당 수치가 높은 상태로 유지되면 치매 위험이 상당히 증가한다. 최근 1만 3천 명의 노인을 대상으로 한 연구에 따르면, 혈당 수치가 자주 정점까지 치솟는 사람의 경우 치매 발생 위험이 커진다.[4]

건강하게 노화하는 뇌의 비밀

노화하는 뇌에 관해 좋은 소식이 있다. 80대에 이르기까지 생존하는 사람이 그 어느 시대보다 많은 오늘날, 알츠하이머병으로 건강이 곤두박질치는 사람보다 인지 건강을 훌륭히 유지하는 사람이 훨씬 많다는 사실이다. 수명이 길어졌기 때문에 치매 환자들의 총합이 늘어나고 있을지언정 실제로 치매에 걸릴 위험은 낮아지고 있다. 1970년대 이후로 (어떤 원인으로 유발되는 것이든) 치매 위험은 10년마다 20퍼센트씩 떨어지고 있다. 이는 생활 방식이 뇌의 노화에 있어 중요한 역할을 하며, 치매가 피할 수 없는 질병은 아니라는 점을 알려준다.

어떻게 하면 윌리엄 같은 슈퍼 에이저가 될 수 있을까? 여러분에게 그 가능성을 높여줄 세 가지 방법을 알려드리겠다.

1. 교육

1970년대 이후로, 고교 교육까지 받은 사람들의 치매 위험은 거의 절반으로 떨어졌다. 교육이 노년기의 치매 발병 위험을 줄여주는 데 중대한 역할을 한다는 점은 수많은 연구가 보여주고 있다. 학사 학위 이상을 지닌 윌리엄 같은 사람들은 고교 졸업자들보다 평균적으로 치매 위험이 낮았고, 심지어 대학을 중퇴한 사람들도 대학 문턱을 밟아보지 못한 사람들보다 평균적으로 더 오래 인지 건강을 유지하는 경향이 있었다. 고교 졸업자들은 고교 중퇴자들보다 치매 위험이 낮았다.

교육이 가치 있는 이유는 인지 비축분을 늘려준다는 데에 있다. 추가적인 교육을 받은 덕분에 뇌의 힘이 더 생겨서 쇠락 신호들이 나타나기 전까지 사용할 뇌력腦力이 더 크게 유지해주는 것이다. 두 사람이 정확히 똑같아 보이는 두뇌(수축 정도가 동일한 두뇌)를 지니고 있다고 해도 인지 건강은 완전히 다를 수 있다. 뇌를 더 많이 사용한 사람들이 백질과 회질 손실을 더 많이 견뎌낼 수 있다.

2. 사회적 관계

신경과학자 에밀리 로갈스키Emily Rogalski는 시카고 노스웨스턴대학에서 슈퍼 에이저 연구를 진행하고 있다.[5] 그녀는 50대의 인지 능력을 보유하고 있는 80세 이상의 노인 24명 한 집단을 관찰했다. 참가자들을 선별하기 위해 그녀는 임의적인 단어 15개가 담긴 목록을 읽어주고 나서, 30분 후에 얼마나 기억하고 있는지 물어보았다. 평균적인 80세 노인은 약 5개의 단어를 기억했다. 평균적인 50대는 약 9개를 기억했다. 그녀가 선별한 슈퍼 에이저들의 경우, 가장 적게 기억한 경우가 9개였고, 몇몇 사람들은 15개 전부를 기억해 냈다!

이 연구에서 슈퍼 에이저와 평범한 사람을 가르는 요인 중 하나는 그들이 다른 동년배와 비교해 훨씬 더 외향적이고 사회적 접촉을 많이 한다는 점이었다. 가족이든 친구든 사회적 접촉도가 높을수록 치매 발전 위험이 낮아진다는 사실은 많은 연구들이 밝히고 있다. 소수의 친구나 가족과만 관계를 유지하는 사람들에 비해 사회적 관계가 폭넓은 사람들은 치매 위험이 25퍼센트에서 50퍼센트 정도 낮았다.

그렇다고 해서 75세가 되어서도 밤새도록 사람들을 만나러 다니는 불나방이 되라는 말은 아니다. 이 말은 집 밖에 나와서 사람들과 어울리는 것이 뇌에 실제로 이득을 가져다준다는 의미다. 우리 뇌는 건강을 유지하기 위해 자극을 필요로 하기 때문이다.

'사회적 고립social isolation'이 '외로움loneliness'과 같은 말은 아니다. 인지 손실 위험을 높이는 것은 외로움(고립된 존재라는 느낌)이라고 밝힌 연구들도 있다.[6] 여러분이 책 한 권과 차 한 잔으로 완전한 행복을 느끼는 부류의 사람이라면, 혼자 있어도 괜찮다. 하지만 사회적 접촉을 더욱 많이 하고 싶다면, 당장 전화기를 들어라.

그런데 로널드 레이건Ronald Reagan 대통령은 보통 사람들보다 훨씬 더 많은 사회적 소통을 하는 사람이었음에도 83세의 나이에 알츠하이머병 진단을 받았다.

자, 우리는 여기에서 '평균'을 이야기하고 있는 것이니 너무 겁먹지 않아도 된다. 주로 혼자 지낸다고 해서 꼭 치매에 걸리는 것도 아니고, 불나방처럼 바깥을 돌아다닌다고 해서 치매 면역력을 갖추게 되는 것도 아니라는 뜻이다.

3. 신체 활동

신체 활동은 인지 건강을 지키는 가장 완벽한 방법이다.

운동이 뇌 기능에 직접적으로 기여한다는 사실은 셀 수 없을 만큼 많은 연구 결과에 나타나 있다. 하지만 유산소 운동은 나이 든 사람들에게는 큰 도움이 되지 못한다. 캐나다 브리티시컬럼비아대학교의 테레사 리우-앰브로즈Teresa Liu-Ambrose 박사가 밝힌 바에 따르면, 웨이트 트레이닝 같은 저항력 운동은 인지 기능을 향상시킨다.[7] 또한《알츠하이머병저널Journal of Alzheimer's Diseases》에 실린 임상시험과《미 노인정신의학저널American Jounal of Geriatric Psychiatry》에 실린 임상시험에 따르면, 무작위로 선택된 노인들 중 중국의 전통 무술 '태극권'을 따라 한 노인들의 경우, 인지 능력에 있어 저항력 운동의 효과와 유사한 이득을 얻었다.[8]

에필로그

내가 뇌를 연구하면서 느낀 기쁨과 스릴, 환자 뇌의 장애를 치료하고 기능을 향상시키는 과정에서 뇌의 복잡성을 보며 느낀 경이로움, 또한 그것을 알아가며 갖게 되는 자부심을 여러분과 나누고자 애썼다.

뇌 구조에 관한 우리의 이해는 지난 수십 년간 엄청난 발전을 이뤘다. 그리하여 우리는 기억이 어떻게 부호화되어 새겨지고, 언어가 나타나는지에 관해 새로운 관점을 얻게 되었다. 창의력에 어떻게 불을 붙일지, 수면과 심호흡이 건강에 얼마나 근본적인지 알게 된 것 역시 마찬가지다. 또한 뇌진탕, '머리 좋아지는' 약, 소위 뇌 기능 향상 보조제 같은 것들에 관한 진실을 알게 되었다. 신경가소성과 상처, 트라우마에 직면해서 스스로 치유하고 재조직하는 뇌의 능력에 관해서도 부정할 수 없는 증거들을 발견했다. 한편 뇌와 기계의 인터페이스 같은 공상과학적 개념들 역시 점점 현실이 되어가고 있으며, 줄기세포와 신체의 면역 체계는 질병에 대항하는 새롭고 강력한 무기로 개발되고 있다. 건강한 인지 능력을 유지하며 90세에 도달하는 슈퍼 에이저들도 많아지고 있다. 그리고 인간의 뇌가 30대에 이르기까지 성장한다는 발견은 나처럼 성년이 되어가는 자녀에 대해 걱정하고 있는 수많은 부모들의 고개를 끄덕이게 해준다.

그렇다, 신경과학 분야에서 기념할 만한 일은 이렇게나 많다. 하지만 뇌종양을 수술하는 신경외과 의사로서 나는 늘 실망과 비극을 경험하며 세상엔 아직 배워야 할 것이 무척이나 많음을 깨닫는다. 그리고 이런 사실은 우리 뇌에서 어떤 일이 일어나고 있는지에 대한 끊임없는 탐구와 발견이 우리 세대에도 이루어질 것임을 일깨워 준다.

나는 '뇌, 딱 걸렸어' 코너에서 몇 가지 대중적인 신경과학적 신화들이 거짓임을 밝히고자 했으며, '괴짜 신경과학의 세계' 코너에서는 신경과학의 다채로운 측면을 알리고자 했고, '두뇌 운동' 코너에서는 여러분에게 이득이 될 만한 실용적인 조언들을 제시하고자 했다.

마지막으로 신경과학자들이 밝혀낸 가장 중요한 발견을 전달하고자 한다. 바로 뇌 건강은 우리 스스로가 관리하는 데 달려 있다는 사실이다. 평생 학습, 사회적 관계, 새로운 경험에 열린 자세를 지니고자 하는 아이 같은 마음이, 여러분의 뇌 운명을 결정할 것이다.

신경생물학에서 '건강 관리'는 중요한 개념이다. 적당한 스트레스 환경에 놓이면, 몇몇 세포들은 다른 세포보다 월등한 실력을 발휘한다. 소위 분자들의 적자생존이 펼쳐지는 것이다. 운동도 이와 유사한 관점에서 착안한 것으로, 도전적인 경험과 환경을 통해 두뇌 힘을 키우는 것이다.

지난 세기에 우리의 건강 관리 초점은 대체로 마음과 신체에 맞춰

져 있었다. 이제 여러분은 부디 이 책을 읽으면서 오늘도 내일도 가장 중요한 '운동'은 '두뇌 운동'임을 알아차리길 바란다!

감사의 글

내게 이 책을 펴낼 기회를 준 내 환자들과 나에 관한 이야기를 풀어낼 수 있는 공간을 제공한 호턴 미플린 하코트 출판사의 뎁 브로디에게 무척이나 감사드린다. 뎁의 팀인 올리비아 바르츠, 앨리슨 치, 레베카 스프링어 역시 자신들의 시간과 에너지를 내게 베풀어주었다. 감사드린다.

공동 저자 댄 헐리는 내가 들려준 모든 이야기를 정제하여 최상의 상태로 전달할 수 있게 해주었다. 재능 있는 아티스트인 애니 헐리는 이 책을 무척이나 멋지게 꾸며주었다. 로스앤젤레스에 살고 있는 친애하는 친구, 신경외과 의사이자 고전문학 박사 학위까지 지니고 있는 샘 휴는 이런 과정에서 나와 무척이나 귀중한 대화를 나눌 시간을 할애해 주었다.

WME TV의 라이언 맥네일리와 어맨다 코건은 그들의 문학적 동료인 멜 버거에게 나를 연결시켜 주었다. 멜이 아니었더라면 이 책이 나오지도, 작가가 되고 싶다는 내 꿈이 이루어지지도 못했을 것이다. 그는 내게 문학의 지평을 어떻게 이해하고 다가가야 하는지 멘토가 되어 주었으며, 작가로서의 내 험난한 항해를 매끄럽게 가다듬어주고, 예측하지 못한 것들을 끌어내 주었다. 무척이나 큰 은혜를 입었다.

그리고 인생의 여러 어려움을 겪으시면서도 내게 깊은 가르침을 주신 부모님께 늘 감사드린다.

주

에필로그

1   JD Handley, DM Williams, JW Stephens, et al., "Changes in Cognitive Function Following Bariatric Surgery: A Systematic Review." *Obesity Surgery* 26, no. 10 (2016): 2530-6.

2   GN Levine, RA Lange, CN Bairey-Merz, et al., "Meditation and Cardiovascular Risk Reduction: A Scientific Statement from the American Heart Association," *Journal of the American Heart Association* 6, no. 10 (2017): doi: 10.1161/JAHA.117.002218

1. 그 무엇과도 다른 해부학 수업

1   MC Diamond, AB Scheibel, GM Murphy Jr, T Harvey, "On the Brain of a Scientist: Albert Einstein," *Experimental Neurology* 88, no. 1 (1985): 198-204.

2. 기억력과 아이큐를 넘어서

1   JR Flynn, "The Mean IQ of Americans: Massive Gains 1932 to 1978," *Psychological Bulletin* 95, no. 1 (1984): 29-51.

2   JR Flynn, "Are We Really Getting Smarter?" *Wall Street Journal*, September 21, 2012. https://www.wsj.com/articles/SB10000872396 390444032404578006612858486012

3   K Lashley, "In Search of the Engram," *Society of Experimental Biology*, Symposium 4 (1950): 454-82.

4   GA Clark, DA McCormick, DG Lavond, RF Thompson, "Effects of Lesions of Cerebellar Nuclei on Conditioned Behavioral and Hippocampal Neuronal Responses," *Brain Research* 291, no. 1(1984): 125-36.

5   R Quian Quiroga, L Reddy, G Kreiman, et al., "Invariant Visual Representation by Single Neurons in the Human Brain," *Nature* 435 (2005): 1102-7.

6   TT Hills, R Dukas, "The Evolution of Cognitive Search," Cognitive Search: Evolution, Algorithms and the Brain (Cambridge, MA: The MIT Press, 2012): 13.

7   N Unsworth, GA Brewer, et al., "Working Memory Capacity and Retrieval from Long-Term Memory: The Role of Controlled Search," Memory and Cognition 41, no. 2(2013): 242-54.

8   M Gagliano, M Renton, M Depczynski, et al., "Experience Teaches

Plants to Learn Faster and Forget Slower in Environments Where It Matters," *Ecologia* 175, no. 1 (2014): 63–72.

9 "Lumosity to Pay $2 Million to Settle FTC Deceptive Advertising Charges for Its 'Brain Training' Program." https://www.ftc.gov/news-events/press-releases/2016/01/lumosity-pay-2-million-settle-ftc-deceptive-advertising-charges

10 D Hurley, "Could Brain Training Prevent Dementia?" *The New Yorker*, July 24, 2016. https://www.newyorker.com/tech/annals-of-technology/could-brain-training-prevent-dementia

11 AK Brem, JN Almquist, K Mansfield, et al., "Modulating Fluid Intelligence Performance Through Combined Cognitive Training and Brain Stimulation," *Neuropsychologia* 118, pt. A (2018): 107–14. doi: 10.1016/j.neuropsychologia.2018.04.008

12 D Goleman, *Emotional Intelligence: Why It Can Matter More Than IQ* (New York: Bantam Books, 1995).

13 A Duckworth, *Grit: The Power of Passion and Perseverance* (New York: Scribner, 2016).

14 KA Ericsson, WEG Chase, et al., "Acquisition of a Memory Skill," *Science* 208 (1980): 1181–82.

15 M Gladwell, *Outliers: The Story of Success* (Boston: Little, Brown and Company, 2008).

16 HL Roediger, JD Karpicke, "Test-Enhanced Learning: Taking

Memory Tests Improves Long Term Retention," *Psychological Science* 17, no. 3 (2006): 249–55.

3. 언어의 자리

1 PP Broca, "Loss of Speech, Chronic Softening and Partial Destruction of the Anterior Left Lobe ofthe Brain," *Bulletin de la Société Anthropologique*, 2 (1861): 235–38.

2 C Wernicke, "The Symptom Complex of Aphasia," *Diseases of the Nervous System* (1908): 265–324.

3 B Zhou, A Krott, "Bilingualism Enhances Attentional Control in Non-Verbal Conflict Tasks–Evidence from Ex–Gaussian Analyses." *Bilingualism: Language and Cognition* 21, no. 1 (2018): 162–80.

4 P Cornwell, "Study: Students in Dual-Language Programs Outperform Peers in Reading," *Seattle Times*, November 18, 2015. https://www.seattletimes.com/education-lab/in-portland-dual-language-students-outperform-peers-in-reading/

5 E Bialystok, FL Craik, M Freedman, "Bilingualism As a Protection Against the onset of Symptoms of Dementia," *Neuropsychologia* 45, no. 2 (January 28, 2007): 459–64.

As a recent review: D Perani, J Abutalebi, "Bilingualism, Dementia, Cognitive and Neural Reserve," *Current Opinion in Neurology* 28, no. 6 (December 2015): 618–25.

4. 창의력의 불꽃을 일으켜라

1   JA Nielsen, G Brandon, A Zielinski, MA Ferguson, et al., "An
    Evaluation of the Left Brain vs. Right-Brain Hypothesis with
    Resting State Functional Connectivity Magnetic Resonance
    Imaging," *PLOS ONE* 8, no. 8(August 14, 2013). https://doi.
    org/10.1371/journal.pone.0071275

2   *I Remember Better When I Paint: Treating Alzheimer's Through the
    Creative Arts*, directed by E Ellena and B Huebner (2009).

3   S Dali, 50 *Secrets of Magic Craftsmanship* (New York: Dial Press,
    1948).

4   A Griffin, "People Who Daydream Are More Intelligent, and May
    Get Distracted Because They Have "Too Much Brain Capacity,"
    The Independent, October 25, 2017. https://www.independent.
    co.uk/news/science/daydream-intelligence-smart-study-lost-in-
    thought-meetings-mriresearch-a8019391.html

5   Case Western Reserve University, "Psychologist Explores How
    Imaginary Play in Childhood Stirs Creativity," *The Daily*, November
    13, 2013.
    https://thedaily.case.edu/case-western-reserve-university-
    psychologist-explores-imaginary-play-life-adult-creativity-in-
    new-book/

6   RA Atchley, DL Strayer, P Atchley, "Creativity in the Wild:

Improving Creative Reasoning Through Immersion in Natural Settings," *PLOS ONE* 7, no. 12 (2012). doi: 10.1371/journal. pone.0051474

7   C O'Mara, "Kids Do Not Spend Nearly Enough Time Outside," *Washington Post*, May 29, 2018. https://www.washingtonpost.com/ news/parenting/wp/2018/05/30/kids-dont-spend-nearly-enough-time-outside-heres-how-and-why-to-change-that/

5. 머리 좋아지는 약

1   B Maher, "Poll Results: Look Who's Doping," Nature 452 (2008): 674-75. https://www.nature.com/news/2008/080409/full/452674a. html

2   A Frood, "Use of 'Smart Drugs' on the Rise," *Scientific American*, July 5, 2018.

     https://www.scientificamerican.com/article/use-of-ldquosmart-drugs-rdquo-on-the-rise/

3   Centers for Disease Control and Prevention: "Alcohol Fact Sheet." https://www.cdc.gov/alcohol/fact-sheets/alcohol-use.htm

4   Harvard T.H. Chan School of Public Health, "Alcohol: Balancing Risks and Benefits."https://www.hsph.harvard.edu/nutritionsource/ healthydrinks/drinks-to-consume-in-moderation/alcohol-full-story/#possible_health benefits

5   AF Jarosz, GJ Colflesh, J Wiley, "Uncorking the Muse: Alcohol Intoxication Facilitates Creative Problem Solving," *Consciousness and Cognition* 21, no. 1 (2012). doi: 10.1016/j.concog.2012.01.002

6   DC Mitchell, CA Knight, J Hockenberry, et al., "Beverage Caffeine Intakes in the U.S.," *Food and Chemical Toxicology* 63 (January 2014): 136–42.

7   PJ Buckenmeyer, JA Bauer, JF Hokanson, et al., "Cognitive Influence of a 5-h ENERGY® Shot: Are Effects Perceived or Real?" *Physiology & Behavior* 152, pt A (2015): 323–27.

8   K Soar, E Chapman, N Lavan, et al., "Investigating the Effects of Caffeine on Executive Functions Using Traditional Stroop and a New Ecologically Valid Virtual Reality Task, the Jansari Assessment of Executive Functions," *Appetite* 105 (2016): 156–63.

9   FG Vital-Lopez, S Ramakrishnan, TJ Doty, et al., "Caffeine Dosing Strategies to Optimize Alertness During Sleep Loss," *Journal of Sleep Research* 27, no. 5 (2018): e12711. doi: 10.1111/jsr.12711.

10   J Tucker, T Fischer, L Upjohn, "Unapproved Pharmaceutical Ingredients Included in Dietary Supplements Associated with US Food and Drug Administration Warnings," *JAMA Network Open* 1, no. 6 (2018): e183337. doi:10.1001/jamanetworkopen.2018.3337

11   A Singh, SK Singh. "Evaluation of Antifertility Potential of Brahmi in Male Mouse." *Contraception* 79, no. 1 (2009): 71–79.

12 R Cohen, "Auto Crash Deaths Multiply After April 20 Cannabis
    Parties," *Reuters Health*, February 12, 2018. https://www.reuters.
    com/article/us-health-cannabis-traffic-safety/auto-crash-deaths-
    multiply-after-april-20-cannabis-parties-idUSKBN1FW2FV

13 MH Meier, A Caspi, A Ambler, et al., "Persistent Cannabis Users
    Show Neuropsychological Decline from Childhood to Midlife,"
    Proceedings of the National Academy of Sciences 109, no. 40 (2012):
    E657-64.

14 NJ Jackson, JD Isen, R Khoddam, et al., "Impact of Adolescent
    Marijuana Use on Intelligence: Results from Two Longitudinal Twin
    Studies," *Proceedings of the National Academy of Sciences* 113, no. 5
    (2016). doi:10.1073/pnas.1516648113

15 National Institute on Drug Abuse, "Monitoring the Future Survey:
    High School and Youth Trends," December 2017. https://www.
    drugabuse.gov/publications/drugfacts/monitoring-future-survey-
    high-school-youth-trends

16 RD Fields, "Link Between Adolescent Pot Smoking and Psychosis
    Strengthens," *Scientific American*, October 20, 2017. https://www.
    scientificamerican.com/article/link-between-adolescent-pot-
    smoking-and-psychosis-strengthens

17 HA Kahn, "The Dom Study of Smoking and Mortality Among US
    Veterans: Report on Eight and One-Half Years of Observations,"

Epidemiological Approaches to the Study of Cancer and Other Chronic Diseases. Monograph No. 19. National Cancer Institute (1996): 1–125.

18 M Quik, T Bordia, D Zhang, et al., "Nicotine and Nicotinic Receptor Drugs: Potential for Parkinson's Disease and Drug-Induced Movement Disorders," *International Review of Neurobiology* 124 (2015): 247–71.

19 AS Potter, PA Newshouse, "Acute Nicotine Improves Cognitive Deficits in Young Adults with Attention Deficit/Hyperactivity Disorder," *Pharmacology, Biochemistry and Behavior* 88, no. 4 (2008): 407–17.

20 D Hurley, "Growing List of Positive Effects of Nicotine Seen in Neurodegenerative Disorders," *Neurology Today* 12, no. 2 (2012): 37–38.

21 National Institute on Drug Abuse, "Misuse of Prescription Drugs." https://www.drugabuse.gov/publications/research-reports/misuse-prescription-drugs/what-scope-prescription-drug-misuse

22 D Kotz, "1 in 5 students at an Ivy League College Abuse Stimulant Drugs," *Boston Globe*, May 2, 2015. https://www.bostonglobe.com/lifestyle/health-wellness/2014/05/02/study-ivy-league-students-abuse-stimulant-drugs/vpaS16t8zh4pF8ga2zt69J/story.html

23 I Ilieva, J Boland, MJ Farah, "Objective and Subjective Cognitive Enhancing Effects of Mixed Amphetamine Salts in Healthy People,"

Neuropharmacology 64 (2013): 496–505.

24 JA Yesavage, MS Mumenthaler, JL Taylor, et al., "Donepezil and Flight Simulator Performance: Effects on Retention of Complex Skills," *Neurology* 59, no. 1 (2002): 123–25.

6. 우리가 잠든 사이에

1 M Walker, "The Secrets of Ant Sleep Revealed," *BBC Earth News*, June 17, 2009. http://news.bbc.co.uk/earth/hi/earth_news/newsid_8100000/8100876.stm

2 RD Nath, CN Bedbrook, MJ Abrams, et al., "The Jellyfish Cassiopea Exhibits a Sleep–Like State," *Current Biology* 27, no. 19 (2017): 2984–90.

3 U Wagner, S Gais, H Haider, et al., "Sleep Inspires Insight," Nature 427 (2004): 352–55.

4 GR Poe, "Sleep Is for Forgetting," *Journal of Neuroscience* 37, no. 3 (2017): 464–73.

5 E Aserinsky, N. Kleitman, "Regularly Occurring Periods of Eye Motility, and Concomitant Phenomena, During Sleep," Science 118, no. 3062 (1953): 273–74.

6 D. Oudiette, MJ Dealberto, G Uguccioni, et al., "Dreaming Without REM Sleep," *Consciousness and Cognition* 21, no. 3 (September 2012): 1129–40. *beginning with his 1899 book*: S Freud,

The *Interpretation of Dreams: The Complete and Definitive Text* (New York: Basic Books, 2010).

7   A Rechtschaffens, BM Bergmann, "Sleep Deprivation in the Rat by the Disk-Over-Water Method," *Behavioral Brain Research* 69, no. 1-2 (1995): 55-63.

8   FP Cappuccio, L D'Elia, P Strazzullo, et al., "Sleep Duration and All-Cause Mortality: A Systematic Review and Meta-Analysis of Prospective Studies," *Sleep* 33, no. 5 (2010): 585-92.

9   NT Ayas, DP White, JE Manson, et al., "A Prospective Study of Sleep Duration and Coronary Heart Disease in Women," *Archives of Internal Medicine* 163, no. 2 (2003): 205-9.

10 J Fernandez Mendoza, C LaGrotte, AN Vgontzas, et al., "Impact of Metabolic Syndrome on Mortality Is Modified by Objective Short Sleep Duration," *Journal of the American Heart Association* 6, no. 5 (May 17, 2017). pii: e005479. doi: 10.1161/JAHA.117.005479

11 National Sleep Foundation, "National Sleep Foundation Recommends New Sleep Times." www.sleepfoundation.org/press-release/national-sleep-foundation-recommends-new-sleep-times/page/0/1

12 M Fox, "Body Clock Researchers Win Nobel Prize," *NBC News*, October 2, 2017. https://www.nbcnews.com/health/health-news/body-clockresearchers-win-nobel-prize-n806576

13   D Hurley, "For Our Own Good, Let There Be Dark," *Discover*, December 2016. http://discovermagazine.com/2016/dec/let-there-be-dark

14   BL Uhlig, T Sand, SS Odegard, et al., "Prevalence and Associated Factors of DSM-V Insomnia in Norway: The Nord-Trøndelag Health Study (HUNT 3)," *Sleep Medicine* 15, no. 6 (June 2014): 708-13.

15   P Garfield, Creative Dreaming (New York: Simon & Schuster, 1975).

16   H Slawik, M Stoffel, L Riedl, et al., "Prospective Study on Salivary Evening Melatonin and Sleep Before and After Pinealectomy in Humans," *Journal of Biological Rhythms* 31, no. 1 (2016): 82-93.

17   "The Problem with Sleeping Pills," *Consumer Reports*, January 5, 2016. https://www.consumerreports.org/drugs/the-problem-with-sleeping-pills/

7. 그저 숨 쉬면 될 뿐

1   HJ Scheibner, C Bogler, T Gleich, et al., "Internal and External Attention and the Default Mode Network," *Neuroimage* 148 (2017): 381-89.

2   YY Tang, Q Lu, X Geng, et al., "Short-Term Meditation Induces White Matter Changes in the Anterior Cingulate," *Proceedings of the*

National Academy of Science 107, no. 35 (2010): 15649–52.

3   JL Herrero, S Khuvis, E Yeagle, et al., "Breathing Above the Brain
     Stem: Volitional Control and Attentional Modulation in Humans,"
     Journal of Neurophysiology 119, no. 1 (2018): 145–59.

8. 뇌 손상을 다루는 법

1   D Hurley, "The Mystery Behind Neurological Symptoms Among
     US Diplomats in Cuba: Lots of Questions, Few Answers," *Neurology
     Today* 18, no. 6 (2018): 24–26.

2   J Mez, DH Daneshvar, PT Kiernan, et al., "Clinicopathological
     Evaluation of Chronic Traumatic Encephalopathy in Players of
     American Football," *Journal of theAmerican Medical Association* 318,
     no. 4 (2017): 360–70.

3   National Institute for Occupational Safety and Health, "Heart Health
     Concerns for NFL Players," March 2012. https://www.cdc.gov/
     niosh/pgms/worknotify/pdfs/NFL_Notification_01–508.pdf

4   J Branch, "Autopsy Shows the N.H.L!s Todd Ewen Did Not Have
     C.T.E," *New York Times*, February 10, 2016. https://www.nytimes.
     com/2016/02/11/sports/hockey/autopsy–shows–the–nhls–todd–
     ewen–did–not–have–cte.html

5   A Pawkowski, "Concussion' Doctor Says Kids Shouldn't Play These
     Sports Until They're 18," *Today Show*, September 5, 2017. https://

www.today.com/health/concussion-doctor-warns-against-contact-sports-kids-t115938

6 JS Delaney, VJ Lacroix, C Cagne, et al., "Concussions Among University Football and Soccer Players: A Pilot Study," *Clinical Journal of Sport Medicine* 11, no. 4 (2001): 234-40.

7 DG Thomas, JN Apps, RG Hoffmann, et al., "Benefits of Strict Rest After Acute Concussion: A Randomized Controlled Trial," *Pediatrics* 135, no. 2 (2015): 213-23.

9. 머리에 좋은 음식

1 RC Atkins, Dr. Atkins' Diet Revolution: *The High Calorie Way to Stay Thin Forever* (Philadelphia: D. McKay Co., 1972).

2 MC Morris, CC Tangney, Y Wang, et al., "MIND Diet Associated with Reduced Incidence of Alzheimer's Disease," *Alzheimer's & Dementia* 11, no. 9 (2015): 1007-14.

3 MP Mattson, K Moehl, N Ghena, et al., "Intermittent Metabolic Switching, Neuroplasticity and Brain Health," *Nature Reviews Neuroscience* 19, no. 2 (2018): 63-80.

4 D Cavett, "When That Guy Died on My Show," *New York Times*, May 3, 2007. https://opinionator.blogs.nytimes.com/2007/05/03/when-that-guy-died-on-my-show/

5 D Martin, "Robert C. Atkins, 72, Creator of Controversial Diet,

Dies," *New York Times*, April 17, 2003. https://www.nytimes.com/2003/04/17/obituaries/robert C-atkins-72-creator-of-controversial-diet-dies.html

6   PM Herath, N Cherbuin, R Eramudugolia, et al., "The Effect of Diabetes Medication on Cognitive Function: Evidence from the PATH Through Life Study," *Biomed Research International* (2016). doi: 10.1155/2016/7208429

10. 뇌는 어떻게 스스로 치유하는가

1   BL Schlaggar, DD O'Leary, "Potential of Visual Cortex to Develop an Array of Functional Units Unique to Somatosensory Cortex," *Science* 252, no. 5012 (1991): 1556-60.

2   R Hamilton, JP Keenan, M Catala, et al., "Alexia for Braille Following Bilateral Occipital Stroke in an Early Blind Woman," *Neuroreport* 11, no. 2 (2000): 237-40.

11. 생체공학적인 뇌

1   JA Osmundsen, "Matador with a Radio Stops Wired Bull: Modified Behavior in Animals Subject of Brain Study," *New York Times*, May 17, 1965: 1.

2   JMR Delgado, Physical *Control of the Mind: Toward a Psychocivilized Society* (New York: Harper & Row, 1969).

3   C Hamani, MP McAndrews, M Cohn, et al., "Memory Enhancement Induced by Hypothalamic/Fornix Deep Brain Stimulation," *Annals of Neurology* 63, no. 1 (2008): 119–23.

4   N Suthana, Z Haneef, J Stern, et al., Memory Enhancement and Deep-Brain Stimulation of the Entorhinal Area,"

5   J Jacobs, J Miller, SA Lee, et al., "Direct Electrical Stimulation of the Human Entorhinal Region and Hippocampus Impairs Memory," Neuron 92, no. 5 (2016): 983–90.

6   S Boseley, "Paralyzed Man Moves Arm Using Power of Thought in World First," The Guardian, March 29, 2017. https://www. theguardian.com/science/2017/mar/28/neuroprosthetic-tetraplegic-man-control-hand-with-thought-bill-kochevar

7   SN Flesher, JL Collinger, ST Foldes, et al., "Intracortical Microstimulation of Human Somatosensory Cortex," *Science Translational Medicine* 8, no. 361 (October 9, 2016): 361ral41.

8   https://www.neuralink.com/

9   T Urban, "Neuralink and the Brain's Magical Future," *Wait but Why*, April 20, 2017. https://waitbutwhy.com/2017/04/neuralink.html

10 C Grau, R Ginhoux, A Rivera, et al., "Conscious Brain-to-Brain Communication in Humans Using Non-Invasive Technologies," *PLOS ONE* 9, no. 8 (2014). doi: 10.1371/journal.pone.0105225

12. 전기충격요법

1　CK Loo, MM Husain, WM McDonald, et al., "International Randomized-Controlled Trial of Transcranial Direct Current Stimulation in Depression," *Brain Stimulation* 11, no. 1 (2018): 125-33.

2　A Snowball, I Tachtsidis, T Popescu, et al., "Long-Term Enhancement of Brain Function and Cognition Using Cognitive Training and Brain Stimulation," *Current Biology* 23, no. 11 (2013): 987-92.

3　Johns Hopkins Medicine, "Frequently Asked Questions about ECT." https://www.hopkinsmedicine.org/psychiatry/specialty_areas/brain stimulation/ect/faqect.html

4　S Finger, "Benjamin Franklin and the Neurosciences," Ottorino Rossi Award lecture (2006). https://www.functionalneurology.com/ materiale_cic/13LXXI_2/1177 Benjamin/index.html

5　K Jones, "Insulin Coma Therapy in Schizophrenia," *Journal of the Royal Society of Medicine* 93 (2000): 147-49.

6　U Cerletti, L Bini, "L'Elettroshock," *Rivista Sperimentale di Frenatria* 1 (1940): 209-310.

7　KA Skarupski, CC Tangney, H Li, et al., "Mediterranean Diet and Depressive Symptoms Among Older Adults Over Time," *Journal of Nutrition, Health & Aging* 17, no. 5 (2013): 441-45.

8 FN Jacka, A O'Neill, R Opie, et al., "A Randomized Controlled Trial of Dietary Improvement for Adults with Major Depression (the 'SMILES' Trial)," *BMC Medicine* 15, no. 1 (2017): 23. doi: 10.1186/s12916-017-0791-y

13. 줄기세포와 그 너머

1 J Portnow, TW Synold, B Badie, et al., "Neural Stem Cell-Based Anticancer Gene Therapy: A First-in-Human Study in Recurrent High-Grade Glioma Patients," *Clinical Cancer Research* 23, no. 12 (2017): 2951-60.

2 PS Eriksson, E Perfilieva, T Bjork-Eriksson, et al., "Neurogenesis in the Adult Human Hippocampus," *Nature Medicine* 4, no. 11 (1998): 1313-17.

3 SF Sorrells, MF Paredes, A Cebrian-Silla, et al., "Human Hippocampal Neurogenesis Drops Sharply in Children to Undetectable Levels in Adults," *Nature* 15, no. 555 (2018): 377-81.

4 M Ortiz Virumbrales, CL Moreno, I Kruvlikov, et al., "CRISPR/Cas9 Correctable Mutation-Related Molecular and Physiological Phenotypes in iPSC-Derived Alzheimer's PSEN2N1411 Neurons," *Acta Neuropathologica Communcations* 5 (2017): 77. doi: 10.1186/S40478-017-0475-2

5 JH Lim, BK Stafford, PL Nguyen, et al., "Neural Activity Promotes

Long-Distance, Target-Specific Regeneration of Adult Retinal Axons," *Nature Neuroscience* 19, no. 8 (2016): 1073-84.

14. 젊은 뇌

1   AF Ward, K Duke, A Gneezy, et al., "Brain Drain: The Mere Presence of One's Own Smartphone Reduces Available Cognitive Capacity," *Journal of the Association for Consumer Research* 2, no. 2 (2017). https://www.journals.uchicago.edu/doi/abs/10.1086/691462

2   EM Cespedes Feliciano, M Quante, SL Rifas-Shiman, et al., "Objective Sleep Characteristics and Cardiometabolic Health in Young Adolescents," *Pediatrics* 142, no. 1 (2018). doi: 10.1542/peds.2017-4085

3   American Academy of Pediatrics Announces New Safe Sleep Recommendations to Protect Against SIDS, Sleep-Related Infant Deaths," October 24, 2016. https://www.aap.org/en-us/about-the-aap/aap-press-room/pages/american-academy-of-pediatrics-announces-new-safe-sleep-recommendations-to-protect-against-sids.aspx

4   ER Cheng, LG Fiechtner, AE Carroll, "Seriously, Juice Is Not Healthy," *New York Times*, July 7, 2018. https://www.nytimes.com/2018/07/07/opinion/sunday/juice-is-not-healthy-sugar.html

15. 나이 든 뇌

1 TW Meeks, DV Jeste, "Neurobiology of Wisdom: A Literature Review," *Archives of General Psychiatry* 66, no. 4 (2009): 355–65. J Reichstadt, G Sengupta, CA Depp, et al., "Older Adults' Perspectives on Successful Aging: Qualitative Interviews," *American Journal of Geriatric Psychiatry* 18, no. 7 (2010): 567–75.

2 R Kanai, B Bahrami, R Roylance, et al., "Online Social Network Size Is Reflected in Human Brain Structure," *Proceedings of the Royal Society B: Biological Sciences* 279, no. 1732 (2012): 1327–34.

3 JM Zissimopoulos, D Barthold, RD Brinton, et al., "Sex and Race Differences in the As sociation Between Statin Use and the Incidence of Alzheimer Disease," *JAMA Neurology* 74, no. 2 (2017): 225–32.

4 AM Rawlings, AR Sharrett, TH Mosley, et al., "Glucose Peaks and the Risk of Dementia and 20-Year Cognitive Decline," *Diabetes Care* 40, no. 7(2017): 879–86.

5 L Neergaard, "Superagers' Brains Offer Clues for Sharp Memory in Old Age," *US News & World Report,* February 22, 2018. https://www.usnews.com/news/best-states/california/articles/2018-02-22/superagers-brains-offer-clues-for-sharp-memory-in-old-age

6 NJ Donovan, Q Wu, DM Rentz, et al., "Loneliness, Depression and Cognitive Function in Older U.S. Adults," International Journal of Geriatric Psychiatry 32, no. 5 (2017): 564–73.

7   JR Best, BK Chiu, C Liang Hsu, et al., "Long-Term Effects of Resistance Exercise Training on Cognition and Brain Volume in Older Women: Results from a Randomized Controlled Trial," *Journal of the International Neuropsychological Society* 21, no. 10 (2015): 745-56.

8   JA Mortimer, D Ding, AR Bornstein, et al., "Changes in Brain Volume and Cognition in a Randomized Trial of Exercise and Social Interaction in a Community-Based Sample of Non-Demented Chinese Elders," Journal of Alzheimers Disease 30, no. 4 (2012): 757- 66. ST Cheng, PK Chow, YQ Song, et al., "Mental and Physical Activities Delay Cognitive Decline in Older Persons with Dementia," *American Journal of Geriatric Psychiatry* 22, no. 1 (2014): 63-74.

지은이 **라훌 잔디얼**

미국 국립암연구소에서 선정한 통합 암 치료 전문 기관인 시티 오브 호프 City of Hope 재단의 저명한 신경외과 전문의이자 뇌과학자이다. 뇌의 종양이 암세포로 발전하는 과정에 초점을 맞추는 연구를 진행하고 있으며, 10권이상의 의학 서적과 100편 이상의 논문을 출간했다. UC샌디에이고 유명강의상Distinguished Teaching Award, 펜필드연구상Penfield Research Award 등을 수상했다. 스탠퍼드대학교에서 펠로십을 밟고 하버드대학교 교수진으로 선정되었으나 암 연구를 위해 시티 오브 호프를 선택했다. 또한, 비영리기관 국제신경외과어린이지원협회International Neurosurgical Children's Association에서 활동하며 의료적 도움이 필요한 남미와 동유럽 지역 아이들을 정기적으로 치료, 검진하고 있다.

옮긴이 **이한이**

출판기획자 및 번역가. 국외의 교양 도서들을 국내에 번역 소개하는 한편, 대중이 보다 쉽고 재미있게 접근할 수 있는 책들을 기획, 집필하고 있다. 옮긴 책으로는 『인생의 태도』, 『아주 작은 습관의 힘』, 『울트라러닝, 세계 0.1%가 지식을 얻는 비밀』, 『부자의 언어』, 『NEW』, 『디지털 시대 위기의 아이들』, 『몰입, 생각의 재발견』 등이 있으며, 쓴 책으로는 『문학사를 움직인 100인』 등이 있다.

감수 **이경민**

경북대학교 의과대학을 졸업한 후 동 대학교에서 박사학위를 받고 일본 RIKEN 뇌과학연구소에서 박사후 연구원을 거쳤다. 현재 경북대학교 의과대학에서 부교수로 재직 중이며, 신경해부와 신경생리학 및 인지과학 분야를 연구하고 있다.

감수 **강봉균**

서울대학교를 졸업한 후 컬럼비아대학교에서 박사학위를 받고 동 대학교 신경생물학및행동연구소 박사후 연구원을 거쳤다. 현재 서울대학교 생명과학부 교수로 재직 중이다. 경암학술상(2012), 대한민국 학술원상(2016), 대한민국 최고과학기술인상(2018)을 수상했다. 200여 편의 논문을 발표하였으며 쓴 책으로는『인간과 우주에 대해 아주 조금밖에 모르는 것들』(공저), 『뇌약구체』(공저) 등이 있으며, 옮긴 책으로는『시냅스와 자아』, 『신경과학』(공역) 등이 있다.

내가 처음 뇌를 열었을 때
수술실에서 찾은 두뇌 잠재력의 열쇠

펴낸날 초판 1쇄 2020년 11월 20일
　　　초판 3쇄 2022년 1월 25일
지은이 라훌 잔디얼
옮긴이 이한이
감수 강봉균, 이경민
펴낸이 이주애, 홍영완
편집 백은영, 오경은, 양혜영, 장종철, 문주영
디자인 김주연, 박아형
마케팅 박진희, 김태윤, 김소연, 김애리
경영지원 박소현
도움 교정 고홍준
펴낸곳 (주)월북 **출판등록** 제2006-000017호 **주소** 10881 경기도 파주시 회동길 337-20
전자우편 willbooks@naver.com **전화** 031-955-3777 **팩스** 031-955-3778
블로그 blog.naver.com/willbooks **포스트** post.naver.com/willbooks
페이스북 @willbooks **트위터** @onwillbooks **인스타그램** @willbooks_pub
ISBN 979-11-5581-316-4 (03400)